彩图 1　皮埃蒙特牛

彩图 2　利木赞牛

彩图 3　夏洛来牛

彩图 4　比利时蓝白牛

彩图 5　海福特牛

彩图 6　短角牛

彩图 7　安格斯牛

彩图 8　西门塔尔牛

彩图 9　丹麦红牛

彩图 10　夏南牛

彩图 11　秦川牛

彩图 12　南阳牛

彩图 13　晋南牛

彩图 14　鲁西牛

彩图 15　水牛

彩图 16　牦牛

彩图 17　中国荷斯坦奶牛

彩图 18　饲料青贮时的粉碎

彩图 19　肉牛场的饲料青贮窖

彩图 20　牛场的外大门及缓冲区

彩图 21　密闭式牛舍

彩图 22　牛舍的饲喂通道

彩图 23　繁殖牛舍

彩图 24　牛场的运动场

彩图 25　运动场的饮水槽

彩图 26　肉牛的放牧育肥

彩图 27　口蹄疫的口腔炎症

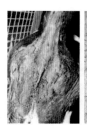
彩图 28　肉牛腹泻
（左：肛门周围粪污。右：血便）

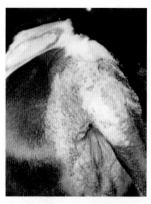
彩图 29　螨虫病

彩图 30　牛的瘤胃臌气

怎样提高
肉牛养殖效益

主　编　魏刚才　赵新建　高冬冬
副主编　刘卫彩　王永彬　宋　涛　郑丽敏
编　者　王　丹（河南省焦作市畜产品质量安全监测中心）
　　　　王　鋆（河南省平顶山市叶县农业农村局）
　　　　王永彬（河南省开封市畜产品质量监测检验中心）
　　　　杜新府（河南省平顶山市叶县农业农村局）
　　　　刘卫彩（河南省新乡市牧野区农业农村局）
　　　　宋　涛（河南省扶贫开发办公室社会扶贫处）
　　　　赵新建（河南省驻马店市遂平县动物疾病预防控制中心）
　　　　郑丽敏（河南省鹤壁市农产品检验检测中心）
　　　　胡艳丽（河南省安阳市内黄县畜牧兽医服务中心）
　　　　高冬冬（河南省新乡市获嘉县农业农村局）
　　　　魏里朋（河南科技学院）
　　　　魏刚才（河南科技学院）

机 械 工 业 出 版 社

本书在剖析肉牛养殖场、养殖户的认识误区和生产中存在问题的基础上，就如何提高肉牛养殖效益进行了全面阐述。主要内容包括科学选种引种、科学配制饲料、环境调控、牛群饲养管理和疾病防治，并介绍了养殖典型实例等。本书语言通俗易懂，技术先进实用，针对性和可操作性强，设有"提示""注意"等小栏目，并附有大量的图片，可以帮助读者更好地掌握肉牛养殖技术。

本书可供广大肉牛养殖户和相关技术人员使用，也可供农林类高等院校和职业院校相关专业的师生参考。

图书在版编目（CIP）数据

怎样提高肉牛养殖效益/魏刚才，赵新建，高冬冬
主编. —北京：机械工业出版社，2021.5
（专家帮你提高效益）
ISBN 978-7-111-67804-5

Ⅰ.①怎…　Ⅱ.①魏…②赵…③高…　Ⅲ.①肉牛–
饲养管理　Ⅳ.①S823.9

中国版本图书馆 CIP 数据核字（2021）第 050762 号

机械工业出版社（北京市百万庄大街 22 号　邮政编码 100037）
策划编辑：周晓伟　高　伟　责任编辑：周晓伟　高　伟　魏素芳
责任校对：孙丽萍　　　　　责任印制：孙　炜
保定市中画美凯印刷有限公司印刷
2021 年 5 月第 1 版第 1 次印刷
145mm×210mm·7.25 印张·2 插页·200 千字
0001—1900 册
标准书号：ISBN 978-7-111-67804-5
定价：35.00 元

电话服务　　　　　　　　网络服务
客服电话：010-88361066　机 工 官 网：www.cmpbook.com
　　　　　010-88379833　机 工 官 博：weibo.com/cmp1952
　　　　　010-68326294　金 书 网：www.golden-book.com
封底无防伪标均为盗版　机工教育服务网：www.cmpedu.com

前　言 / PREFACE

肉牛是反刍动物，有发达的消化系统（胃就有瘤胃、网胃、瓣胃和真胃），可以充分利用各种资源，如秸秆、树叶、干草及青绿多汁饲料等资源，变废为宝，变害为利。加之牛的产品种类多（可以生产牛肉、牛皮、牛乳等多种产品），具有经济价值大、适应性强、易于饲养管理和生产成本低等特点，所以，肉牛的养殖深受养殖户喜爱。

随着我国肉牛养殖业的规模化、集约化发展，肉牛场生产技术不配套和存在的一些误区等导致的生产水平差、饲养成本高等问题，直接影响了肉牛业养殖效益。为促进肉牛业持续稳定发展，提高肉牛养殖效益，我们组织有关专家编写了本书。

本书主要从品种选择、饲料选用、环境控制、饲养管理和疾病防治5个方面，系统地介绍了提高肉牛养殖效益的关键技术，具有较强的实用性、针对性和可操作性，可为提高肉牛养殖效益提供技术保证。

需要特别说明的是，本书中提到的药物及其使用剂量仅供读者参考，不可照搬。在生产实际中，所用药物学名、常用名与实际商品名称有差异，药物浓度也有所不同，建议读者在使用每一种药物之前，参阅厂家提供的产品说明，以确认药物用量、用药方法、用药时间及禁忌等。购买兽药时，执业兽医有责任根据经验和对患病动物的了解决定用药量

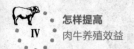

及选择最佳治疗方案。

　　由于水平有限，书中可能会有错误和不当之处，敬请广大读者批评指正。

编　者

目 录 / CONTENTS

第一章
科学选择肉牛品种，向良种要效益

【提示】

品种是决定牛繁殖能力和生产性能的内因，只有优良的品种才能繁殖更多的肉牛，并保证肉牛的增重速度、饲料转化率和养殖效益。

第一节　选种引种中常见的误区

一、品种改良的误区

1. 改良只是杂交改良

"杂交"是加速动物遗传改良、提高牧业生产效率的重要技术手段，但有些地方或牛场陷入"改良只是杂交改良"的误区。近年来，国内许多地方大力开展了黄牛用肉用杂交改良工作，但大多处于无序状态：一方面，缺乏对本地牛种资源的保护，热衷于推陈出新和引进新品种，杂交改良工作盲目性较大；另一方面，缺乏对目标性状的定向选育，即使形成杂交优势，也难以固定，严重威胁地方牛种资源的持续发展，造成了许多优良基因缺失。

2. 忽视选种、选配和配合力测定而盲目杂交

开展肉牛杂交改良，不注意选种、选配和配合力测定，而是盲目搞杂交，结果杂交效果较差。

3. 忽视对引进品种及其杂交后代的选育，重"杂"轻"育"

随着杂交代数的提高，肉牛改良工作对父本和母本的质量要求越来

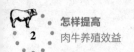

越高。长期以来，我国在肉牛良种引进方面重"引"轻"选"，种牛缺乏性能测定，更谈不上后裔测定；在肉牛改良方面重"杂"轻"育"，缺乏对杂交后代优秀母牛的选留，更谈不上定向培育，从而影响了黄牛杂交改良进程。

4. 认为牛的体形越大越好

黄牛改良从单一役用向肉用方面发展。但有的选种时只注重体形大小而忽视其他性状。如利用夏洛来牛与黄牛杂交改良，夏洛来牛体大、腿粗、初生体重大，但与某些中小型品种相比，也有出肉率低、肉质较差，饲草的消耗相对较多，饲养周期长，以及出栏率低等不足。

5. 长期应用单一品种

因为夏洛来牛长期以来给养牛户留下了很深的印象，所以很多地区长期使用这一单一品种，对其他品种的生产性能不信任。这种局面造成夏洛来牛近亲繁殖，生活力和生产性能出现退化，有的地区甚至出现改良牛肉色越来越白、体格越来越小。

6. 片面强调毛色

肉牛毛色及体形外貌为品种特征，但肉牛与当地黄牛杂交后出现毛色变异，有的显现出父本性状，有的显现出中间毛色。所以，从毛色不易辨别种牛的优劣。如比利时蓝白牛杂交后代出现灰色、黑色或杂色。有的农民误认为夏洛来牛杂交的牛就应是白色的，如果出现草白、草黄色，则认为品种不好。这样只注重毛色而不看其生产性能的错误认识导致了优良品种用量少、覆盖率较低。

二、肉牛引进的误区

1. 过于追求良种，非"纯肉牛"不养

随着养牛户良种意识的提高，养牛户都愿意购买良种肉牛进行育肥，这是很正确的选择。但一些饲养户过于追求良种，非"纯肉牛"不养，结果很难购买到自己满意的肉牛。因为我国没有专门的肉牛品种，专门的肉牛品种多是从国外引进的，引种费用高，饲养数量少，远远不

能满足需要。

2. 购牛或售牛忽视检疫和隔离

从农户或市场新购进的牛不进行检疫，连最起码的临床检疫也不做，更别说一些必要的实验室检查了。这为养殖场埋下了隐患，往往会给一个场或一定区域带来较大的经济损失。大多数养殖场（小区）无隔离圈舍（区），甚至有的牛场连简单的疥癣病也会造成流行，从而造成较大的损失。

3. 购买架子牛时只考虑体重，不考虑年龄

牛的增重速度、胴体质量和饲料报酬等均与牛的年龄有着密切的关系。因此，在选择架子牛时，对牛的年龄的选择应充分重视。但生产中，有的饲养者只考虑架子牛的体重，而忽视牛的年龄，结果买回的架子牛年龄过大，影响育肥效果。

第二节　提高良种效益的主要途径

一、了解肉牛的品种特征

1. 国外的肉牛品种及特征

（1）皮埃蒙特牛（彩图 1）

1）产地及分布。原产于意大利北部的皮埃蒙特地区，原为役用牛，经长期选育，现已成为生产性能优良的专门化肉用品种。

2）外貌特征。体躯发育充分，体形较大，胸部宽阔，肌肉发达，四肢强健。公牛皮肤为灰色，眼、睫毛、眼睑边缘、鼻镜、唇及尾巴端为黑色，肩胛毛色较深。母牛毛色为全白，有的个体眼圈为浅灰色，眼睫毛、耳郭四周为黑色。犊牛幼龄时毛色为乳黄色，4~6 月龄胎毛褪去后，呈成年牛毛色。牛角在 12 月龄变为黑色，成年牛的角底部为浅黄色，角尖为黑色。

3）生产性能。成年公牛体重不低于 1000 千克，成年母牛体重为 500~600 千克。公牛和母牛平均体高分别为 150 厘米和 136 厘米。育肥

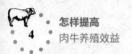
期日增重为 1.36~1.657 千克，公牛屠宰适期为 550~600 千克活重，在 15~18 月龄即可达到此值。14~15 月龄的母牛体重可达 400~450 千克。母牛肉质细嫩，瘦肉含量高，屠宰率为 65%~70%。公牛屠宰率为 68.23%。每 100 克肉中胆固醇含量为 48.5 毫克。

【提示】

皮埃蒙特牛生长速度为肉用品种之首。具有双肌基因，是公认的终端父本。山东高密、河南南阳及黑龙江齐齐哈尔设有胚胎中心。南阳地区用皮埃蒙特牛对南阳牛的杂交改良，已显示出良好的效果。

（2）利木赞牛（彩图 2）

1）产地及分布。原产于法国中部的利木赞高原，主要分布在法国的中部和南部的广大地区，数量仅次于夏洛来牛，属于专门化的大型肉牛品种。

2）外貌特征。利木赞牛毛色为红色或黄色，背毛浓厚而粗硬，有助于抵御严寒。口鼻周围、眼圈周围、四肢内侧及尾帚的毛色较浅（即称"三粉特征"），角为白色，蹄为红褐色。头较短小，额宽，胸部宽深，体躯较长，后躯肌肉丰满，四肢粗短。利木赞牛全身肌肉发达，骨骼比夏洛来牛略细，一般较夏洛来牛小一些。成年公牛体重为 1100 千克，成年母牛体重为 600 千克。在法国较好的饲养条件下，公牛活重可达 1200~1500 千克，母牛活重达 600~800 千克。

3）生产性能。产肉性能好，胴体质量好，眼肌面积大，前后肢肌肉丰满，出肉率高，在肉牛市场上很有竞争力。其育肥牛屠宰率约为 65%，胴体瘦肉率为 80%~85%，且脂肪少、肉味好，市场售价高。在集约饲养条件下，犊牛断奶后生长很快，10 月龄体重即达 408 千克，周岁时体重可达 480 千克左右，哺乳期平均日增重为 0.86~1 千克。8 月龄的小牛就可生产出具有大理石纹的牛肉。因此，利木赞牛是法国等一些欧洲国家生产牛肉的主要品种。

【提示】
　　利木赞牛犊牛出生体格小、生长快，具有良好的体躯长度和令人满意的肌肉量，被广泛应用于经济杂交来生产小牛肉。在河南、山东、内蒙古等地改良当地黄牛，杂种优势明显。杂交后代体形改善，肉用特征明显，生长强度增大。目前，黑龙江、山东、安徽为主要供种区。

（3）夏洛来牛（彩图3）

1）产地及分布。原产于法国中西部到东南部的夏洛来省和涅夫勒地区，因其生长快、肉量多、体形大、耐粗放管理而受到国际市场的广泛认可，已输往世界许多国家。

2）外貌特征。夏洛来牛最显著的特点是被毛为白色或乳白色，皮肤常有色斑；全身肌肉特别发达；骨骼结实，四肢强壮，体力强大。夏洛来牛头小而宽，角圆而较长，并向前方伸展，角质蜡黄，颈粗短，胸宽深，肋骨方圆，背宽肉厚，体躯呈圆筒状，后躯、背腰和肩胛部肌肉发达，并向后和侧面突出，常形成"双肌"特征。公牛常有双鬐甲和凹背的缺点。

3）生产性能。生长速度快，增重快，瘦肉多，且肉质好、无过多的脂肪。成年公牛平均活重为1100~1200千克，成年母牛平均活重为700~800千克。6月龄的公犊体重可以达250千克，母犊体重可达210千克。犊牛日增重可达1.4千克。产肉性能好，屠宰率一般为60%~70%，胴体瘦肉率为80%~85%。16月龄的育肥母牛胴体重达418千克，屠宰率为66.3%。夏洛来母牛发情周期为21天，发情持续期为36小时，产后第一次发情时间为62天，妊娠期平均为286天。适应能力强，耐寒，抗热。夏季全日放牧时，采食快，觅食能力强，不补饲也能增重上膘。

【提示】
　　夏洛来牛是专门化大型肉用牛，参与新型肉牛品种的育成、杂交繁育，或在引入国进行纯种繁殖。与我国黄牛品种杂交时，常用作父系，杂交一代具有父系品种的明显特征。

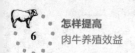
(4) 比利时蓝白牛（彩图 4）

1）产地及分布。原产于比利时的南部，能够适应多种生态环境，是欧洲市场较好的双肌大型肉牛品种。山西、河南分别于 1996 年和 1997 年引入比利时蓝白牛。

2）外貌特征。比利时蓝白牛的毛色主要是蓝白色和白色，也有少量带黑色毛片的牛。体躯强壮，背直，肋圆。全身肌肉极度发达，臀部丰满，后腿肌肉突出。

3）生产性能。成年公牛体重可达 1250 千克，成年母牛体重可达 750 千克。早熟，幼龄公牛可用于育肥。经育肥的蓝白牛，胴体中可食部分比例大，优等者胴体中肌肉约占 70%、脂肪约占 13.5%、骨约占 16.5%。胴体一级切块率高。肌纤维细，肉质嫩，肉质完全符合国际市场的要求。

【提示】

比利时蓝白牛可作为父本，与荷斯坦牛或地方黄牛杂交，杂交效果良好。适于做商品肉牛杂交的"终端"父本。

(5) **海福特牛**（彩图 5）

1）产地及分布。原产于英格兰西部的海福特郡，是世界上最古老的中小型早熟肉牛品种，现分布于世界上许多国家。

2）外貌特征。具有典型的肉用牛体形，分为有角和无角两种。颈粗短，体躯肌肉丰满，呈圆筒状，背腰宽平，臀部宽厚，肌肉发达，四肢短粗，侧望体躯呈矩形。全身被毛除头、颈垂、腹下、四肢下部及尾尖为白色外，其余均为红色，皮肤为橙黄色，角为蜡黄色或白色。

3）生产性能。成年母牛平均体重为 520~620 千克，成年公牛平均体重为 900~1100 千克；犊牛初生重为 28~34 千克；7~18 月龄的牛平均日增重为 0.8~1.3 千克；在良好的饲养条件下，7~12 月龄的牛平均日增重可达 1.4 千克以上。屠宰率一般为 60%~65%，18 月龄公牛活重可达 500 千克以上。在干旱高原的牧场处于冬季严寒（−50~−48℃）或夏季酷暑（38~40℃）的条件下，海福特牛都可以放牧饲养和正常生活繁殖，表现出良好的适应性和生产性能。

【提示】

　　海福特牛与本地黄牛杂交，后代一般体格加大，体形改善，宽度明显提高；犊牛生长快，抗病，耐寒，适应性好，体躯被毛为红色，但头、腹下和四肢部位多有白毛。

（6）短角牛（彩图6）

1）产地及分布。原产于英格兰东北部的诺森伯兰郡、达勒姆郡，21 世纪初已培育成为世界闻名的肉牛良种。近代短角牛有两种类型：肉用短角牛和乳肉兼用型短角牛。

2）外貌特征。短角牛被毛以红色为主，有白色和红白交杂的沙毛个体，个别腹下或乳房部位有白斑；鼻镜呈粉红色，眼圈色淡；皮肤细致柔软。为典型肉用牛体形，侧望体躯为矩形，背部宽平，背腰平直，臀部宽广、丰满，股部宽。体躯各部位结合良好，头短，额宽平。角短细、向下稍弯，角呈蜡黄色或白色，角尖部为黑色。颈部被毛较长且多卷曲，额顶部有丛生的被毛。

3）生产性能。成年公牛活重为 900~1200 千克，成年母牛活重为 600~700 千克；公牛、母牛体高分别为 136 厘米和 128 厘米左右。早熟性好，肉用性能突出，利用粗饲料能力强，增重快，产肉多，肉质细嫩。17 月龄的牛活重可达 500 千克，屠宰率为 65% 以上。牛肉的大理石纹好，但脂肪沉积不够理想。

【提示】

　　短角牛改良当地黄牛，杂种牛毛色紫红、体形改善、体格加大、泌乳量提高，杂种优势明显。乳用短角牛与吉林、河北和内蒙古等地的土种黄牛杂交育成了乳肉兼用型新品种——草原红牛。其乳肉性能得到全面提高，表现出了很好的杂交改良效果。

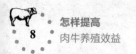

（7）安格斯牛（彩图7）

1）产地及分布。原产于英国的阿伯丁、安格斯和金卡丁等郡，目前大多数国家都有该品种牛。安格斯牛属于古老的小型肉牛品种。

2）外貌特征。以被毛黑色和无角为重要特征，故也称无角黑牛，也有红色类型的安格斯牛。体躯低矮、结实，头小而方，额宽，体躯宽深，呈圆筒形，四肢短而直，前后裆较宽，全身肌肉丰满，具有现代肉牛的典型体形。

3）生产性能。安格斯牛适应性强，耐寒，抗病。成年公牛平均活重为700~900千克，成年母牛平均活重为500~600千克；犊牛平均初生重为25~32千克。成年公牛、母牛平均体高分别为130.8厘米和118.9厘米。肉用性能好，被认为是世界上专门化肉牛品种中的典型品种之一。表现早熟，胴体品质高，出肉多，屠宰率一般为60%~65%。哺乳期日增重为0.9~1千克，育肥期平均日增重（1.5岁以内）为0.7~0.9千克。肌肉大理石纹很好。

【提示】

安格斯牛改良务川黑牛、云南黄牛和延安本地牛等，其后代的体尺、体重和产肉性能、适应能力都得到明显提高。改良后的母牛稍具神经质。

（8）西门塔尔牛（彩图8）

1）产地及分布。原产于瑞士西部的阿尔卑斯山区，主要产地为西门塔尔平原和萨能平原。现成为世界上分布最广、数量最多的乳、肉、役兼用牛品种之一。

2）外貌特征。属宽额牛，角较细而向外上方弯曲，尖端稍向上。毛色为黄白花或红白花，身躯缠有白色胸带，腹部、尾梢、四肢在飞节和膝关节以下为白色。颈长中等，体躯长。属欧洲大陆型肉用体形，体表肌肉群明显易见，臀部肌肉充实，且肌肉深，多呈圆形。前躯较后躯发育好，胸深，四肢结实，大腿肌肉发达，乳房发育好。

3）生产性能。成年公牛平均体重为 800~1200 千克，成年母牛平均体重为 650~800 千克。乳、肉用性能均较好，平均泌乳量为 4070 千克，乳脂率为 3.9%。生长速度较快，平均日增重可达 1.0 千克以上，生长速度与其他大型肉用品种相近，胴体肉多，脂肪少而分布均匀。公牛育肥后屠宰率可达 65% 左右。成年母牛难产率低，适应性强，耐粗放管理。

【提示】

西门塔尔牛是兼具奶牛和肉牛特点的典型品种。西门塔尔牛与当地黄牛杂交后的 F1 代、F2 代体重和泌乳量都有显著提高。

（9）德国黄牛

1）产地及分布。原产于德国和奥地利，系瑞士褐牛与当地黄牛杂交选育而成。

2）外貌特征。毛色为浅黄（奶油色）到浅红色，体躯长，体格大，胸深，背直，四肢短而有力，肌肉强健。母牛乳房大，附着结实。

3）生产性能。成年公牛活重为 900~1200 千克，成年母牛活重为 600~700 千克；公牛、母牛体高分别为 145~150 厘米和 130~134 厘米。屠宰率为 62%，净肉率为 56%，分别高于南阳牛 5.7 个和 4.9 个百分点。泌乳期平均泌乳量为 4164 千克，比南阳牛高 4 倍多，乳脂率为 4.15%。母牛初产年龄为 28 月龄，犊牛平均初生重为 42 千克，难产率很低。小牛易育肥，肉质好，屠宰率高。去势小公牛育肥至 18 月龄时体重达 500~600 千克。

【提示】

河南省南阳牛育种中心、陕西省秦川肉牛良种繁育中心场引进饲养有一定数量的德国黄牛。国内许多地方拟选用该品种改良当地黄牛。

（10）丹麦红牛（彩图 9）

1）产地及分布。原产于丹麦的西南岛、洛兰岛及默恩岛。1878 年

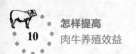
育成，以泌乳量、乳脂率及乳蛋白率高而闻名于世，现在许多国家都有分布。

2）外貌特征。被毛呈一致的紫红色，不同个体间也有毛色深浅的差别；部分牛的腹部、乳房和尾帚部生有白毛。体躯长而深，胸部向前突出；背腰平直，臀宽平；四肢粗壮结实；乳房发达而匀称。

3）生产性能。成年公牛活重为 1000～1300 千克，成年母牛活重为 650 千克；公牛、母牛平均体高分别为 148 厘米和 132 厘米；犊牛初生重平均为 40 千克。产肉性能较好，平均屠宰率为 54%，育肥牛胴体瘦肉率为 65% 左右。犊牛哺乳期日增重较高，平均日增重为 0.7～1 千克。性成熟早，耐粗饲，耐寒、耐热，采食快，适应性强，泌乳性能也好。

【提示】

使用丹麦红牛改良我国当地的黄牛，效果良好。

2. 我国的肉牛品种及特征

（1）夏南牛（彩图 10）

1）产地及分布。育成于河南省泌阳县，是中国第一个具有自主知识产权的肉用牛品种。夏南牛是以法国夏洛来牛为父本、以南阳牛为母本、经杂交创新、横交固定和自群繁育三个阶段，采用开放式育种方法培育而成的肉用牛新品种。

2）外貌特征。毛色纯正，以浅黄、米黄色居多。公牛头方正，额平直。成年公牛额部有卷毛；母牛头清秀，额平且稍长。公牛角呈锥状，水平向两侧延伸；母牛角细圆，致密光滑，多向前倾。耳中等大小，鼻镜为肉色。颈粗壮，平直。成年牛结构匀称，体躯呈长方形，胸深而宽，肋圆，背腰平直，肌肉比较丰满，臀部长、宽、平、直，尾细长。四肢粗壮，蹄质坚实，蹄壳多为肉色。母牛乳房发育较好。

3）生产性能。公牛、母牛平均初生重分别为 38 千克和 37 千克，18 月龄公牛体重达 400 千克以上，成年公牛体重可达 850 千克以上。24 月龄母牛体重可达 390 千克，成年母牛体重可达 600 千克以上。母牛经过 180 天的饲养试验，平均日增重为 1.11 千克；公牛经过 90 天的集中强度育肥，日增重达 1.85 千克。未经育肥的 18 月龄公牛平均屠宰率为 60.13%，净肉率为 48.84%，眼肌面积为 117.7 厘米^2，熟肉率为 58.66%，肌肉剪切力值为 2.61，肉骨比为 4.81∶1，优质肉切块率为 38.37%，高档牛肉率为 14.35%。平均初情期为 432 天，最早为 290 天；平均发情周期为 20 天；平均初配时间为 490 天；平均妊娠期为 285 天；产后平均发情时间为 60 天；难产率为 1.05%。

【提示】

> 夏南牛体质健壮，抗逆性强，性情温驯，行动较慢；耐粗饲，食量大，采食速度快，耐寒冷，耐热性能稍差。

(2) 延黄牛

1) 产地及分布。延黄牛的中心培育区在吉林省东部的延边朝鲜族自治州，州内的图们市、龙井市农村和州东盛种牛场为核心区。延黄牛含延边牛 75%、利木赞牛 25%，是经杂交、回交、自群繁育、群体继代选育几个阶段而形成的。

2) 外貌特征。全身被毛颜色均为黄红色或浅红色，股间色淡；公牛角较粗壮，平伸；母牛角细，多为龙门角。骨骼坚实，体躯结构匀称，结合良好。公牛头较短宽，母牛头较清秀，臀部发育良好。

3) 生产性能。屠宰前短期育肥 18 月龄公牛平均宰前活重为 432.6 千克，胴体重为 255.7 千克，屠宰率为 59.1%，净肉率为 48.3%，日增重为 0.8~1.2 千克。母牛初情期为 8~9 月龄，初配期为 13~15 月龄，农村一般延后至 20 月龄，公牛性成熟期为 14 月龄。发情周期为 20~21 天，持续期约 20 小时，平均妊娠期为 283~285 天。公牛平均初生重为 30.9 千克，母牛平均初生重为 28.8 千克。

(3) 辽育白牛

1) 产地及分布。辽育白牛是以夏洛来牛为父本，以辽宁本地黄牛为母本级进杂交后获得的。抗逆性强，适应当地饲养条件，是经国家畜禽遗传资源委员会审定通过的肉牛新品种。

2) 外貌特征。全身被毛呈白色或草白色，鼻镜肉色，蹄角多为蜡

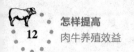

色。体形大，体质强健，肌肉丰满，体躯呈长方形。头宽且稍短，额阔唇宽，耳中等偏大，大多有角，少数无角。颈粗短，母牛平直，公牛颈部隆起，无肩峰。母牛颈部和胸部多有垂皮，公牛垂皮发达。胸深宽，肋圆，背腰宽厚、平直，臀端宽齐，后腿部肌肉丰满。四肢粗壮，长短适中，蹄质结实，尾中等长度。母牛乳房发育良好。

3）生产性能。成年公牛体重可达 910.5 千克，成年母牛体重可达 451.2 千克；公牛初生重可达 41.6 千克，母牛初生重可达 38.3 千克；12 月龄公牛体重可达 366.8 千克，母牛体重可达 280.6 千克；24 月龄公牛体重可达 624.5 千克，母牛体重可达 386.3 千克。6 月龄断奶后，持续育肥至 18 月龄，宰前重可达 561.8 千克，屠宰率和净肉率平均为 58.6% 和 49.5%；持续育肥至 22 月龄，宰前重为 664.8 千克，屠宰率和净肉率分别为 59.6% 和 50.9%。短期育肥 6 个月，体重可达到 556 千克。母牛初配年龄为 14~18 月龄，产后发情时间为 45~60 天；公牛适宜初采年龄为 16~18 月龄。

（4）秦川牛（彩图 11）

1）产地及分布。因产于陕西关中地区的"八百里秦川"而得名，渭南、蒲城、扶风和岐山等 15 个地区为主产区，目前全国各地都有。

2）外貌特征。体格高大，骨骼粗壮，肌肉丰满，体质强健，前躯发育好，具有肉役兼用牛的体形。头部方正，肩长而斜。胸部宽深，肋长而弓。背腰平直宽长，长短适中，结合良好。荐骨稍隆起，后躯发育中等。四肢粗壮结实，两前肢相距较宽，蹄叉很紧。角短而钝。被毛细致有光泽，毛色多为紫红色及红色。鼻镜呈肉红色，部分个体有色斑。蹄壳和角多为肉红色。公牛头大颈短，鬐甲高而厚，肉垂发达；母牛头清目秀，鬐甲低而薄，肩长而斜，荐骨稍隆起。缺点是牛群中常见臀稍斜的个体。

3）生产性能。肉用性能比较突出，短期（82 天）育肥后屠宰，18 月龄和 22.5 月龄屠宰的公阉牛、母阉牛，其平均屠宰率分别为 58.3% 和 60.75%，净肉率分别为 50.5% 和 52.21%，相当于国外著名的乳肉兼用品种水平。13 月龄屠宰的公牛、母牛其平均肉骨比（6∶13）、瘦肉率（76.04%）、眼肌面积（公牛 106.5 厘米²）均远远超过国外同龄肉牛品种。平均泌乳期为 7 个月，泌乳量为 715.8 千克（最高达 1006.75 千克）。常年发情，在中等饲养条件下，初情期为 9.3 月龄。成年母牛平均发情周期为 20.9 天，平均发情持续期为 39.4 小时，妊娠期为 285 天，产后第一次发情约需 53 天。公牛一般在 12 月龄性成熟，在 2 岁左右配种。

【提示】
　　秦川牛适应性良好，秦川公牛与本地牛杂交，效果良好；秦川牛作为母本，与荷斯坦牛、丹麦红牛、兼用短角牛杂交，杂交后代肉、乳性能均得到明显提高。

　　（5）南阳牛（彩图 12）

　　1）产地及分布。产于河南省南阳地区白河和唐河流域的广大平原地区，以南阳市郊区、唐河、邓州市、新野、镇平、社旗及方城等 8 个县（市）为主要产区。

　　2）外貌特征。体格高大，肌肉发达，结构紧凑，四肢强健。皮薄，毛细，行动迅速，性情温驯。鼻镜宽，多为肉红色，其中部分带有黑点。公牛颈侧多有皱褶，尖峰隆起多为 8~9 厘米。毛色有黄、红和草白，以深浅不一的黄色为最多。一般牛的面部、腹部、四肢下部的毛色较浅。蹄壳以蜡黄色、琥珀色带血筋者较多。角型以萝卜角为主，公牛角基粗壮，母牛角细。鬐甲较高，肩部较突出，背腰平直，荐部较高。额微凹，颈短厚而多皱褶。部分牛的胸部欠宽深，体长不足，臀部较斜，乳房发育较差。

　　3）生产性能。产肉性能良好，15 月龄育肥牛，体重可达 441.7 千克，平均日增重为 813 克，屠宰率为 55.6%，净肉率为 46.6%，胴体产肉率为 83.7%，肉骨比为 5∶1。肉质细嫩，颜色鲜红，大理石花纹明显，味道鲜美。泌乳期为 6~8 个月，泌乳量为 600~800 千克。适应性强，耐粗饲。母牛常年发情，在中等饲养水平下，初情期在 8~12 月龄，初配年龄一般在 2 岁。发情周期为 17~25 天，平均为 21 天。妊娠期为 250~308 天，平均妊娠期为 289.8 天，产后发情约需 77 天。

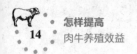

【提示】

　　南阳牛与其他地方黄牛杂交，杂种牛体格高大，体质结实，生长发育快，采食能力强，耐粗饲，适应性强。四肢较长，行动迅速，毛色多为黄色，具有父本的明显特征。

(6) 晋南牛（彩图 13）

1）产地及分布。产于山西省南部晋南盆地的运城地区。晋南牛是经过长期不断地人工选育而形成的地方良种。

2）外貌特征。属于大型役肉兼用品种，体格粗壮，胸围较大，躯体较长。成年牛的前躯较后躯发达，胸部及背腰宽阔，毛色以枣红为主，红色和黄色次之，富有光泽；鼻镜和蹄壳多呈粉红色。公牛头短，额宽，颈较短粗，背腰平直，垂皮发达，肩峰不明显，臀端较窄；母牛头部清秀，体质强健，但乳房发育较差。角为顺风角。

3）生产性能。产肉性能良好，中等营养水平饲养的 18 月龄的牛，平均屠宰率和净肉率分别为 53.9% 和 40.3%；经高营养水平育肥者，平均屠宰率和净肉率分别为 59.2% 和 51.2%。育肥的成年阉牛平均屠宰率和净肉率分别为 62% 和 52.69%。育肥日增重、饲料报酬、形成大理石肉等性能优于其他品种。泌乳期为 7~9 个月，平均泌乳量为 754 千克，乳脂率为 55%~61%。性成熟期为 10~12 月龄，初配年龄为 18~20 月龄，产犊间隔为 14~18 个月，妊娠期为 287~297 天，繁殖年限为 12~15 年，繁殖率为 80%~90%。犊牛初生重为 23.5~26.5 千克。

【提示】

　　晋南牛用于改良我国一般黄牛效果较好。改良牛的体尺和体重都大于当地牛，体形和毛色也酷似晋南牛。

(7) 鲁西牛（彩图 14）

1）产地及分布。产于山东省西南部的菏泽、济宁两地，以郓城、鄄城和嘉祥等为中心产区。黄淮地区、河北等地也有分布。

2）外貌特征。体躯高大，结构紧凑，肌肉发达，前躯较宽深，具有较好的肉役兼用体形。被毛从浅黄到棕红都有，而以黄色为最多，占70%以上。一般前躯毛色较后躯深，公牛毛色较母牛的深。多数牛具有完全的"三粉特征"，即眼圈、口轮、腹下四肢内侧毛色较浅。垂皮较发达，角多为龙门角。公牛肩峰宽厚而高，胸深而宽，后躯发育差，臀部肌肉不够丰满，前高后低；母牛后躯较好，鬐甲低平，背腰短而平直，臀部稍倾斜，尾细长。

3）生产性能。肉用性能良好，18月龄的育肥牛的平均屠宰率为57.2%、净肉率为49.0%、肉骨比为6：1。皮薄骨细，肉质细嫩，大理石纹明显，市场占有率较高。体大力强，外貌一致，品种特征明显，但尚存在体成熟较晚、日增重不高、后躯欠丰满等缺陷。繁殖能力较强，公牛一般2~2.5岁开始配种；母牛性成熟早，有的8月龄即能受胎。一般10~12月龄开始发情，平均发情周期为22天，范围为16~35天，发情持续期为2~3天。平均妊娠期为285天，范围为270~310天。产后第一次发情平均为35天，范围为22~79天。

【提示】

利木赞牛与鲁西牛杂交，可以获得较好的效果。鲁西牛是我国著名的役肉兼用地方良种，以体大力强、肉质鲜美而著称，可以作为父本，用来杂交改良我国其他役用牛。

【小常识】

中国黄牛广泛分布于我国各地。按地理分布划分，中国黄牛包括中原黄牛、北方黄牛和南方黄牛三大类型。地方黄牛中体形大、肉用性能好的培育品种有秦川牛、南阳牛、鲁西牛和晋南牛等优良品种。

（8）延边牛

1）产地及分布。产于吉林省延边朝鲜族自治州，尤以延吉、珲春、和龙及汪清等地的牛著称。现在东北三省均有分布，属寒温带山区的役

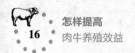
肉兼用型品种。

2）外貌特征。毛色为深浅不一的黄色。被毛密而厚，皮厚有弹力。胸部宽深，体质结实，骨骼坚实。公牛额宽、角粗大，母牛角细长。鼻镜呈浅褐色，带有黑点。

3）生产性能。成年公牛平均活重为 465.5 千克，成年母牛平均活重为 365.2 千克。公牛、母牛平均体高分别为 130.6 厘米和 121.8 厘米，体长分别为 151.8 厘米和 141.2 厘米。18 月龄育肥公牛平均屠宰率为 57.7%、净肉率为 47.23%。母牛泌乳期为 6~7 个月，一般泌乳量为 500~700 千克；20~24 月龄初配，母牛繁殖年限为 10~13 岁。

【提示】

　　延边牛是东北地区的优良地方牛种之一，是北方水稻田的重要耕畜。耐寒、耐粗饲、抗病力强，适应性良好。体质结实，抗寒性能良好，适宜于林间放牧。

（9）蒙古牛

1）产地及分布。广泛分布于我国北方各地，以内蒙古中部和东部为集中产区。

2）外貌特征。毛色多样，以黑色和黄色居多。头部粗重，角长，垂皮不发达，胸较宽深，背腰平直，后躯短窄，臀部倾斜。四肢短，蹄质坚实。

3）生产性能。成年公牛平均体重为 350~450 千克，成年母牛平均体重为 206~370 千克，地区类型间差异明显；公牛、母牛体高分别为 113.5~120.9 厘米和 108.5~112.8 厘米。泌乳力较好，产后 100 天内日均泌乳量为 5 千克，最高日泌乳量为 8.1 千克，平均含脂率为 5.22%。中等膘情的成年阉牛平均屠宰前重为 376.9 千克，屠宰率为 53.0%，净肉率为 44.6%，眼肌面积为 56.0 厘米^2，繁殖率为 50%~60%，犊牛成活率为 90%。4~8 岁为繁殖旺盛期。

【提示】

蒙古牛可终年放牧，能常年适应-50~35℃不同季节气温剧烈变化的条件，且抓膘能力强，发病率低，是我国最耐干旱和严寒的少数几个品种之一。

(10) 三河牛

1) 产地及分布。产于内蒙古呼伦贝尔草原的三河（根河、得勒布尔河、哈布尔河）地区，是我国培育的第一个乳肉兼用品种，含西门塔尔牛基因。

2) 外貌特征。毛色以黄白花、红白花片为主，头为白色或有白斑，腹下、尾尖及四肢下部为白色毛。头清秀，角粗细适中，体躯高大，骨骼粗壮，结构匀称，肌肉发达，性情温驯。角稍向上向前弯曲。

3) 生产性能。公牛平均活重为1050千克，母牛平均活重为547.9千克；公牛、母牛平均体高分别为156.8厘米和131.8厘米。公牛初生重平均为35.8千克，母牛初生重平均为31.2千克。年泌乳量在2000千克左右，条件好时可达3000~4000千克，乳脂率一般在4%以上。产肉性能良好，未经育肥的阉牛屠宰率一般为50%~55%，净肉率为44%~48%，肉质良好，瘦肉率高。

【提示】

适应寒冷能力特强，可以啃雪放牧。由于个体间差异很大，在外貌和生产性能上表现均不一致，有待于进一步改良提高。

(11) 中国草原红牛

1) 产地及分布。由吉林省白城地区、内蒙古赤峰市和锡林郭勒盟南部、河北省张家口地区联合育成的一个兼用型新品种，1985年正式命名为"中国草原红牛"。

2) 外貌特征。部分有角，角多伸向前外方，呈倒八字形，略向内弯曲。全身被毛为紫红色或红色，部分牛的腹下或乳房有白斑。鼻镜、眼圈为粉红色。体格中等大小。

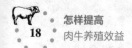

18
怎样提高
肉牛养殖效益

3）生产性能。成年公牛活重为 700~800 千克，成年母牛活重为 450~500 千克；公牛初生重平均为 37.3 千克，母牛初生重平均为 29.6 千克；成年公牛体高平均为 137.3 厘米，成年母牛体高平均为 124.2 厘米。18 月龄阉牛经放牧育肥，其屠宰率达 50.84%，净肉率为 40.95%。短期育肥牛的平均屠宰率和净肉率分别为 58.1% 和 49.5%，肉质良好。繁殖性能良好，繁殖成活率为 68.5%~84.7%。

【提示】

中国草原红牛适应性好，耐粗放管理，对严寒酷热耐力强，且发病率很低。

（12）新疆褐牛

1）产地及分布。原产于新疆地区，由瑞士褐牛和阿拉塔乌牛与当地黄牛杂交育成。

2）外貌特征。被毛为深浅不一的褐色，额顶、角基、口腔周围及背线为灰白或黄白色。体躯健壮，肌肉丰满。头清秀，嘴宽。角中等大小，向侧前上方弯曲，呈半椭圆形。颈适中，胸较宽深，背腰平直。

3）生产性能。成年公牛平均体重为 950.8 千克，成年母牛平均体重为 430.7 千克。平均泌乳量为 2100~3500 千克，高的个体泌乳量达 5162 千克；平均乳脂率为 4.03%~4.08%，乳中干物质含量为 13.45%。产肉性能良好，在伊犁、塔城牧区天然草场放牧 9~11 个月屠宰测定，1.5 岁、2.5 岁和阉牛的平均屠宰率分别为 47.4%、50.5% 和 53.1%，平均净肉率分别为 36.3%、38.4% 和 39.3%。

【提示】

新疆褐牛适应性好，可在极端温度−40℃和47.5℃下放牧，抗病力强。

3. 其他牛品种及特征

（1）水牛（彩图 15） 水牛是热带和亚热带地区特有的物种，主要分布在亚洲地区，约占全球饲养量的 90%。具有乳、肉、役多种经济用途，适宜水田作业，以稻草为主要粗饲料，饲养方便，成本低。肉味香、鲜嫩，且脂肪含量少。未改良的水牛3年出栏，杂交后可2年出栏。

（2）**牦牛（彩图 16）** 牦牛是我国的主要牛种，数量仅次于黄牛和水牛，是青藏高原的主要品种。成年公牦牛体重为 300~450 千克，成年母牦牛体重为 200~300 千克。肉质细嫩，味美可口，营养价值高，符合高蛋白、低脂肪、低热量、无污染和保健强身的膳食标准。

（3）**奶牛** 奶牛的公牛犊和淘汰的公牛、母牛可作为肉用牛，而且在牛肉生产中占有较高的比例。中国荷斯坦奶牛（彩图 17）是引进的荷斯坦（黑白花）奶牛同中国黄牛进行杂交选育而成的优良品种，分为大、中、小型，其中大型为乳用型，中、小型为乳肉兼用型。未经育肥的母牛和去势公牛平均屠宰率可达 50% 以上，净肉率达 40% 以上。

二、科学选种和经济杂交

1. 肉牛的选种方法

肉牛选择的一般原则是选优去劣、优中选优。种公牛和种母牛的选择是从品质优良的个体中精选出最优个体，即"优中选优"。而对种母牛进行大面积的普查鉴定、评定等级，同时及时淘汰等，则是"选优去劣"的过程。

【注意】

　　在肉牛选择中，种公牛的选择对牛群的改良起着关键作用。

对种公牛的选择，首先是审查系谱，其次是审查公牛外貌表现及发育情况，最后还要根据种公牛的后裔测定成绩，以断定其遗传性是否稳定。对种母牛的选择则主要根据其本身的生产性能或与生产性能相关的一些性状，还要参考其系谱、后裔及旁系的表现情况。

（1）**系谱选择** 系谱记录资料是比较牛的优劣的重要途径。对小牛的选择，要一并考察其父母、祖父母及外祖父母的性能成绩，对提高选种的准确性有重要作用。选择时要注意：一是重点考虑其父母的品质，父母品质的遗传对后代影响最大，其次为祖父母，血统越远，影响越小。

系谱中母亲的生产力大大超过全群平均数，父亲经过后裔测定证明是优良的，这样选留的种牛可成为良种牛。二是不可忽视其他祖先的影响。不可只重视父母的成绩而忽视其他祖先的影响。后代有些个别性状受隔代遗传影响，会受祖父母的影响。三是注意遗传的稳定性。如果各代祖先的性状比较整齐，且有直线上升趋势，这个系谱是较好的，选留的种牛较可靠。四是其他方面。对生产性能、外形等进行全面比较，同时注意有无近交和杂交、有无遗传缺陷等。

（2）**本身表现选择（个体成绩选择）** 当小牛长到 1 岁以上，就可以直接测量其某些经济性状，如 1 岁活重、肉牛育肥期增重效率等。而对于胴体性状，则只能借助如超声波测定仪等设备进行辅助测量，然后对不同个体做出比较。对遗传力高的性状，适宜采用这种选择方法。本身选择就是根据种牛个体本身和一种或若干种性状的表型值判断其种用价值，从而确定个体是否选留，该方法又称性能测定和成绩测验。具体做法是：可以在环境一致并有准确记录的条件下，与所有牛群的其他个体进行比较，或与所在牛群的平均水平比较。有时也可以与鉴定标准比较。

选择肉用种公牛时，主要看其体形大小，全身结构是否匀称，外形和毛色是否符合品种要求，雄性特征是否明显，有无明显的外貌缺陷，如公牛母相、四肢不强壮、肢势不正、背线不平、颈线薄、胸狭腹垂及尖斜臀等。优质的种公牛生殖器官发育良好，睾丸大小正常且有弹性。凡是体形外貌有明显缺陷的，或生殖器官畸形、睾丸大小不一等均不适合种用。肉用种公牛的外貌评分不得低于一级，核心种公牛要求特级。除外貌外，还要测量种公牛的体尺和体重，按照品种标准分别评出等级。另外，还需要检查其精液质量。

（3）**后裔测验（成绩或性能试验）** 后裔测验是根据后裔各方面的表现来评定种公牛好坏的一种鉴定方法，这是最为可靠的选择方法。具体方法是：将选出的种公牛与一定数量的母牛配种，对犊牛成绩加以测定，从而评价使（试）用种牛品质的优劣。

2. 肉牛的经济杂交方法

多用于生产性牛场，如黄牛改良、肉牛改良和奶牛的肉用生产。可以充分利用杂交优势，获得具有高度经济利用价值的杂交后代，以增强商品肉牛数量，降低生产成本，获得较好的效益。

（1）二元杂交（两品种固定杂交或简单杂交）　即利用两个不同品种（品系）的公牛、母牛进行固定不变的杂交，利用一代杂种的杂种优势生产商品牛。这种杂交方法的优点是简单易行、杂种优势率最高，缺点是不能充分利用繁殖性能方面的杂种优势。通常以地方品种或培育品种为母本，只需引进一个外来品种做父本，数量不用太多，即可进行杂交。其杂交模式如图1-1所示。

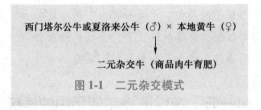

西门塔尔公牛或夏洛来公牛（♂）× 本地黄牛（♀）

二元杂交牛（商品肉牛育肥）

图1-1　二元杂交模式

（2）三元杂交（三品种固定杂交）　是从两品种杂交得到的杂种一代母牛中选留优良的个体，再与另一品种的公牛进行杂交，所生后代全部作为商品肉牛育肥。第一次杂交所用的公牛品种称为第一父本，第二次杂交利用的公牛称为第二父本或终端父本。由于这种杂交方式的母牛是一代杂种，具有一定的杂种优势，再杂交可望得到更高的杂种优势，所以三品种杂交的总杂种优势要超过两品种。其杂交模式如图1-2所示。

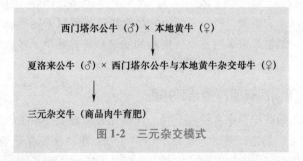

西门塔尔公牛（♂）× 本地黄牛（♀）

夏洛来公牛（♂）× 西门塔尔公牛与本地黄牛杂交母牛（♀）

三元杂交牛（商品肉牛育肥）

图1-2　三元杂交模式

第二章
科学配制饲料，向成本要效益

【提示】

必须根据不同类型、不同阶段肉牛的生理特点和营养需要，科学选择饲料原料，合理配制，生产出优质的配合饲料，满足肉牛营养需求，提高肉牛的生产性能和经济效益。

第一节　饲料选择和使用中的误区

一、忽视饲料原料的选择

饲料原料质量和搭配直接关系到配制的全价饲料质量，同样一种饲料原料的质量可能有很大的差异，配制出的全价饲料饲养效果就有所不同。有的养殖户在选择饲料原料时存在注重饲料原料的数量而忽视质量，甚至认为牛适应能力强、对饲料质量要求不高等误区。有的养殖户为图便宜或减少浪费，将发霉变质、污染严重或掺假的饲料原料配制成全价饲料，结果严重影响了全价饲料的质量和饲养效果，甚至危害了牛的健康。

二、忽视饲料原料的合理搭配

与传统的放牧养牛有很大不同，规模化舍内养牛要求提供的饲料营养必须全面、充足，否则容易影响牛的生长、生产，要保证营养全面、充足，必须合理地配制日粮。应利用饲料的互补性，选择多种饲料原料，合理搭配。但在实际生产中，有的养殖户所用饲料搭配不合理，饲料单一，如有的将麸皮作为牛的唯一精饲料原料，不搭配其他精饲料，这是很不科学的。麸皮是一种重要的饲料原料，也是一种保健饲料。麸皮中的低聚糖具有表面活性，可吸附肠道中的有毒物质及病体，提高机体的抗病能力；麸皮中粗纤维和磷的有机化合物含量高，具有轻泻性，所以，当母牛产羔后，在饮用水中加入麸皮和少量食盐，有助于排除恶露，通便利肠。但是，麸皮的营养含量低、营养单调，会影响牛的生长速度。

三、选用饲料添加剂时的误区

饲料添加剂可以完善日粮的全价性，提高饲料的利用率，促进牛生长发育，防治某些疾病，减少饲料储藏期间营养物质的损失或改进产品品质等。添加剂分为营养性添加剂和非营养性添加剂。饲料添加剂使用时存在的误区：一是不了解饲料添加剂的性质特点，盲目选择和使用添加剂；二是不按照使用规范使用；三是搅拌不匀；四是不注意配伍禁忌，影响使用效果。

四、育肥牛使用尿素的误区

育肥牛使用尿素，可以减少蛋白质饲料的使用量，降低饲料成本，提高养殖效益。但生产中存在一些误区：一是开始喂尿素的时间掌握不准确。有的牛场育肥牛时开始喂尿素的时间比较晚，一般在出栏前2个月才开始饲喂，原因是担心饲喂的时间过早、过长会损伤牛胃。二是用量不准确。许多养殖户都是用手抓一把尿素，觉得差不多就行。这样会造成尿素饲喂量过多而引起中毒，或尿素量不够而起不到作用。三是饲喂方法不注重细节。近年来，有些养殖户出现了因饲喂尿素不当而造成育肥牛死亡的情况，许多养殖户因此不敢给育肥牛饲喂尿素，这也是影响尿素使用的原因之一。如在牛饥饿或空腹时饲喂尿素，将尿素溶于水后让牛饮用，直接单独饲喂尿素或饲喂时不控制饮水，造成育肥牛边吃边饮水，这些都可能造成血液中尿素浓度过高而引起牛中毒；把生豆类、生豆饼类等含脲酶多的饲料与尿素混喂，使脲酶分解尿素，导致牛中毒；饲喂尿素后不观察而导致严重后果。生产中不进行细致观察，出现问题不能及时处理，由于没有及时发现牛的中毒现象而错过最佳的治疗时

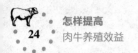

间，导致严重后果。

五、果渣使用不当

果渣营养丰富（1 千克果渣中含干物质 18.7%、蛋白质 1.3%、精纤维 4.06%、粗脂肪 1.12%、无氮浸出物 11.79%、粗灰粉 0.43%，总能量达到 3.54 兆焦），是一种较好的粗饲料。由于苹果加工业的迅速发展，果渣产量日益增多，许多肉牛养殖户把果渣作为饲料。但由于使用不当（如因不注意合理搭配、使用量过大等而出现酸中毒、日粮消化吸收不良等问题），影响果渣的利用效果和牛的正常增重。

六、忽视饲料污染

饲料污染会影响牛的健康、生长发育及牛肉质量。在实际生产中，人们忽视饲料的卫生管理，出现饲料污染，如饲料出产过程中的混杂污染、加工过程中产生的毒物交叉污染、非营养性添加剂污染、有害化学物质污染、抗营养因子污染及微生物类污染等，会严重影响生产效果。

第二节　提高饲料利用率的主要途径

一、科学选择饲料原料

饲料原料又称单一饲料，是指以一种动物、植物、微生物或矿物质为来源的饲料。

1. 粗饲料

粗饲料是指天然水分含量小于 45%，干物质中粗纤维含量大于或等于 18%，并以风干物质为饲喂形式的饲料。粗饲料的特点是粗纤维含量高，可达 25%~45%，可消化营养成分含量较低，有机物消化率低于 70%，质地较粗硬，适口性差。粗饲料主要来源是农作物副产品，总量是粮食产量的 1~4 倍。粗饲料也是肉牛主要的饲料来源。虽然粗饲料消化率低，但它具有来源广、数量大、成本低的优势，在肉牛日粮中占有较大比重。它们不仅提供养分，而且可以促进肌肉生长，满足肉牛反刍及正常消化等生理功能的需求，还具有填充胃肠道、使肉牛有饱感的作用。因此，粗饲料是肉牛饲粮中不可缺少的部分，对肉牛极为重要。

（1）秸秆饲料　秸秆通常指农作物在籽实成熟并收获后剩余的植株，由茎秆和枯叶组成。秸秆包括禾本科秸秆和豆科秸秆两大类。这类饲料的特点是质地坚硬，适口性差，不易消化，采食量低；粗纤维含量高，一般在30%以上，其中木质素的比例大；粗蛋白质含量很低，仅3%~8%；粗灰分含量高，含有大量的硅酸盐，除豆科、薯秧外，大多数秸秆的钙、磷含量低；除维生素D外，其余维生素均较缺乏；有机物消化率一般不超过60%；有机物总量高达80%以上，总能值基本与玉米、淀粉的总能值一样。

1）稻草。稻草是水稻收获后剩下的茎叶，是我国南方农区的主要粗饲料，其营养价值很低，但数量非常大。牛对其消化率为50%左右。稻草的粗蛋白质含量为3%~5%，粗脂肪含量为1%左右，粗纤维含量为35%；粗灰分含量较高，约为17%，但硅酸盐所占比例大；钙、磷含量低，分别为0.29%和0.07%，远低于家畜的生长和繁殖需要。据测定，稻草的产奶净能为3.39~4.43兆焦/千克，增重净能为0.21~7.32兆焦/千克，消化能为8.33兆焦/千克。

【注意】

　　为提高稻草的饲用价值，除了添加矿物质和能量饲料外，还应对稻草做氨化、碱化处理。经处理后，稻草的含氮量可增加一倍，且其中氮的消化率可提高20%~40%。

2）玉米秸。玉米秸具有光滑的外皮，质地坚硬。肉牛对玉米秸粗纤维的消化率为65%左右，对无氮浸出物的消化率在60%左右。玉米秸青绿时，胡萝卜素含量较高，为3~7毫克/千克。玉米秸的营养价值优于玉米芯，与玉米苞叶的营养价值相似，其饲用价值低于稻草的饲用价值。

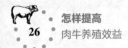

【提示】

　　生长期短的夏播玉米秸比生长期长的春播玉米秸粗纤维含量少，易消化。同一株玉米秸的上部比下部的营养价值高，叶片比茎秆的营养价值高，肉牛较为喜食。

【注意】

　　为提高玉米秸的饲用价值，在果穗收获前，在植株的果穗上方留下一片叶后，削取上梢饲用，或制成干草、青贮饲料。因为割取青梢改善了通风和光照条件，所以并不影响籽实产量。玉米秸全株收获后，立即将上半株或上 2/3 株切碎直接饲喂牛或调制成青贮饲料使用。

　　3）麦秸。麦秸的营养价值因品种、生长期的不同而有所不同。常用作肉牛饲料的有小麦秸、大麦秸和燕麦秸。小麦秸粗纤维含量高，并含有硅酸盐和蜡质，适口性差，营养价值低，经氨化或碱化处理后效果较好；大麦秸产量比小麦秸低得多，其适口性和粗蛋白质含量均高于小麦秸；燕麦秸饲用价值比其他麦秸好，其消化能达 9.17 兆焦/千克。

　　4）豆秸。豆秸有大豆秸、豌豆秸和蚕豆秸等。由于豆科作物成熟后大部分叶子会凋落，因此豆秸主要以茎秆为主，茎已木质化，质地坚硬，维生素与蛋白质的含量也减少，但与禾本科秸秆相比较，其粗蛋白质含量和消化率都较高。大豆秸适于喂肉牛，风干大豆茎含有的消化能为 6.82 兆焦/千克。在各类豆秸中，豌豆秸的营养价值最高，但是新豌豆秸水分较多，容易腐败变黑，使部分蛋白质分解，营养价值降低，因此刈割后要及时晾晒，待干燥后贮存。

【提示】

　　利用豆秸类饲料时，要很好地加工调制，搭配其他精粗饲料后混合饲喂。

　　5）谷草。谷草即粟的秸秆，其质地柔软厚实，适口性好，营养价值高。在各类禾本科秸秆中，以谷草的品质最好，铡碎后与野干草混喂，效果更好。

（2）**秕壳饲料**　农作物收获脱粒时，除分离出秸秆外，还分离出许多包被籽实的颖壳、荚皮与外皮等，这些物质统称为秕壳。由于脱粒时常沾染很多尘土异物，也会混入一部分瘪的籽实和碎茎叶，这样使它们的成分与营养价值往往有很大的差异。

1）豆荚类。如大豆荚、豌豆荚和蚕豆荚等。无氮浸出物含量为42%~50%，粗纤维含量为33%~40%，粗蛋白质含量为5%~10%，消化能为7~11兆焦/千克，饲用价值较好，尤其适于反刍家畜利用。

2）谷类皮壳。有稻壳、小麦壳、大麦壳、荞麦壳和高粱壳等。这类饲料的营养价值仅次于豆荚，但数量大、来源广，值得重视。其中稻壳的营养价值很低，消化能低，适口性也差，仅能勉强用作反刍家畜的饲料。

【注意】

　　稻壳经过适当的处理（如氨化、碱化、高压蒸煮或膨化），可提高其营养价值。大麦秕壳带有芒刺，易损伤牛的口腔黏膜，引起口腔炎。

3）其他秕壳。一些经济作物副产品（如花生壳、油菜壳、棉籽壳、玉米芯和玉米苞叶等）也常用作饲料。这类饲料营养价值很低，必须经粉碎后与精饲料、青绿多汁饲料搭配使用，可以饲喂牛。棉籽壳含少量棉酚（约0.068%），饲喂时要小心，以防引起中毒。

（3）**干草（青干草）**　干草是将牧草及禾谷类作物在尚未成熟之前刈割、经自然或人工干燥后调制成长期保存的饲草。因仍保留有一定的青绿色，故称"青干草"。干草可常年供家畜饲用。优质干草的颜色为青绿色，气味芳香，质地柔松，适口性好，叶片不脱落或脱落很少，绝大部分的蛋白质和脂肪、矿物质、维生素被保存下来，是肉牛冬季和早春必备的优质粗饲料，是秸秆等不可替代的饲料种类。

1）干草的饲养价值。干草的营养价值与原料种类、生长阶段、调制方法有关。多数干草消化能为8~10兆焦/千克，少数优质干草消化能可达到 12.5 兆焦/千克。还有部分干草的消化能低于 8 兆焦/千克。干草粗蛋白质含量变化较大，平均为 7%~17%，个别豆科牧草的粗蛋白质含量可以高达 20% 以上。粗纤维含量高，为 20%~35%，但其中纤维的消化率较高。此外，干草中矿物元素的含量丰富，一些豆科牧草中的钙含量超过 1%，足以满足一般家畜的需要。禾本科牧草中的钙也比谷类籽实的高。维生素 D 含量可达 16~150 毫克/千克，胡萝卜素含量为 5~40 毫克/千克。干草可以单喂，饲喂时，最好将不同质量的干草搭配饲喂，利用饲槽，让牛随意采食；干草也可以与精饲料混合喂，混合饲喂的好处是避免牛挑食和剩料，增加干草的适口性和采食量；粗蛋白质含量低的干草可配合尿素使用，有利于补充肉牛所需的粗蛋白质。

【注意】

干草饲喂前要加工调制，常用的加工方法有铡短、粉碎、压块和制粒。铡短是较常用的方法，对于优质干草，更应该铡短后饲喂，这样可以避免牛挑食和浪费。有条件的情况下，干草制成颗粒饲用，可明显提高干草的利用率。

2）干草的优缺点。干草是牧草长期贮藏的最好方式，可以保证饲料的均衡供应，是某些维生素和矿物质的来源。用干草饲喂肉牛，还可以促进消化道蠕动，增加瘤胃微生物的活力。干草打捆后容易运输和饲喂，可以降低饲料成本。干草收割时需要大量劳力和昂贵的机器设备，收割过程中营养损失大，尤其是叶的损失多。由于来源不同、收割时间不同、利用方法不同，以及天气的影响，干草的营养价值和适口性差别很大。如果干草晒制的时间不够，水分含量高，在贮存过程中容易产热而发生自燃。干草不能满足高产肉牛的营养需要。

（4）**树叶和其他饲用林业副产品** 林业副产品主要包括树叶、嫩枝和木材加工下脚料。新采摘的槐树叶、榆树叶、松树针等蛋白质含量一般占干物质的 25%~29%，是很好的蛋白质补充料，同时还含有大量的维生素和生物激素。树叶可直接饲喂畜禽，而嫩枝、木材加工下脚料可通过青贮、发酵、糖化、膨化、水解等处理方式加以利用。大多数树叶（包括青叶和秋后落叶）及其嫩枝和果实，可用作肉牛饲料。有些优质青树叶还是肉牛很好的蛋白质和维生素饲料来源，如紫穗槐、洋槐和银合欢等树叶。树叶养分丰富，青嫩鲜叶很容易消化，不仅可以用作肉牛的维持饲料，而且可以用来生产配合饲料。树叶虽是粗饲料，但营养价值远优于秸秕类。除树叶以外，许多树木的籽实（如橡子、槐豆等），果园的残果、落果也是肉牛的良好多汁饲料。

【注意】

有些树叶中含有单宁，有涩味，肉牛不喜采食，必须加工调制（发酵或青贮）后再喂。有的树木有剧毒，如夹竹桃等，要严禁饲喂。

2. 青绿饲料

青绿饲料是指天然水分含量大于或等于60%的青绿多汁饲料，主要包括天然牧草、人工栽培牧草、田间杂草、青饲作物、叶菜类、非淀粉质根茎瓜类、水生植物及树叶类等。这类饲料种类多、来源广、产量高、营养丰富，具有良好的适口性，能促进肉牛消化液的分泌，增进肉牛的食欲，是维生素的良好来源。这类饲料在抽穗或开花前的营养价值较高，被人们誉为"绿色能源"。

【注意】

青绿饲料是肉牛不可缺少的优良饲料，但其干物质少，能量相对较低。在肉牛生长期可用优良青绿饲料作为唯一的饲料来源，但若要在育肥后期加快育肥，则需要补充谷物、饼粕等能量饲料和蛋白质饲料。

（1）青绿饲料的营养特性

1）水分含量高。陆生植物水分含量为60%~90%，水生植物可高达90%~95%。干物质含量低，能值也低。陆生植物每千克鲜重的消化能为1.2~2.5兆焦。

2）粗蛋白质含量丰富、消化率高、品质优良、生物学价值高。青绿饲料的粗蛋白质品质较好，必需氨基酸全面，尤其以赖氨酸、色氨酸含量较高，故消化率高，蛋白质生物学价值较高，一般可达70%以上。

3）粗纤维含量较低。幼嫩的青绿饲料含粗纤维较少，木质素含量低，无氮浸出物含量较高。若以干物质为基础，粗纤维占15%~30%，无氮浸出物占40%~50%。粗纤维和木质素的含量随植物生长期的延长而增加。一般来说，植物开花或抽穗之前的粗纤维含量较低。

4）钙磷比例适宜。各种青绿饲料的钙、磷含量差异较大，按干物质计，钙含量为0.25%~0.5%，磷含量为0.2%~0.35%，比例较为适宜，特别是豆科牧草中钙的含量较高。青绿饲料中矿物质含量因植物种类、土壤与施肥情况而异。青绿饲料中钙、磷多集中在叶片内，它们占干物质的百分比随着植物的成熟程度而下降。此外，青绿饲料尚含有丰富的铁、锰、锌、铜等微量矿物元素。但牧草中钠和氯一般含量不足，所以放牧肉牛需要补给食盐。

5）维生素含量丰富。青绿饲料含有大量的胡萝卜素，每千克饲料含胡萝卜素50~80毫克，高于任何其他饲料；在正常采食情况下，放牧肉牛所摄入的胡萝卜素要超过其本身需要量的100倍。此外，青绿饲料中B族维生素、维生素E、维生素C和维生素K的含量也较丰富，如青苜蓿中含硫胺素1.5毫克/千克、核黄素4.6毫克/千克、烟酸18毫克/千克。但青绿饲料缺乏维生素D，维生素B_6（吡哆醇）的含量也很低。豆科青草中的胡萝卜素、B族维生素等含量高于禾本科，春草的维生素含量高于秋草。

另外，青绿饲料幼嫩、柔软、多汁，适口性好，还含有各种酶、激素和有机酸，易于消化。肉牛对青绿饲料中有机物质的消化率为75%~85%。

（2）我国主要的青绿饲料

1）天然牧草。我国天然草地上生长的牧草种类繁多，主要有禾本科、豆科、菊科和莎草科四大类。这四类牧草干物质中无氮浸出物含量为40%~50%；粗蛋白质含量稍有差异，豆科牧草的蛋白质含量为15%~20%，莎草科的蛋白质含量为13%~20%，菊科与禾本科的蛋白质含量多为10%~15%，少数可达20%；粗纤维含量以禾本科牧草的含量最高，约为 30%，其他的牧草为 25% 左右，个别低于 20%；粗脂肪含量以菊科牧草的含量最高，平均为 5% 左右，其他的牧草为 2%~4%；矿物质一般都是钙高于磷，比例恰当。

豆科牧草的营养价值较高；禾本科牧草粗纤维含量较高，但其适口性好，特别是在生长早期，幼嫩可口，采食量高，禾本科牧草的葡匐茎或地下茎再生力很强，比较耐牧，对其他牧草可起到保护作用；菊科牧草往往有特殊的气味，肉牛不喜欢采食。

2）栽培牧草。是指人工播种栽培的各种牧草，种类很多，但以产量高、营养好的豆科（如紫花苜蓿、草木樨、紫云英和苕子等）和禾本科牧草（如黑麦草、无芒雀麦、羊草、苏丹草、鸭茅和象草等）为主。栽培牧草是解决青绿饲料来源的重要途径，可为肉牛常年提供丰富而均衡的青绿饲料。

① 紫花苜蓿。也叫紫苜蓿、苜蓿。其特点是产量高、品质好、适应性强，被称为"牧草之王"。紫花苜蓿的营养价值很高，在初花期刈割的干物质中粗蛋白质含量为 20%~22%，而且必需氨基酸组成较为合理，赖氨酸含量高达 1.34%，钙含量为 3.0%。此外，还含有丰富的维生素与微量元素，如胡萝卜素含量可达 161.7 毫克/千克。紫花苜蓿的营养价值与刈割时期有很大关系，幼嫩时含水多、粗纤维少；刈割过迟，茎的比重增加，而叶的比重下降，饲用价值降低。

【提示】

　　紫花苜蓿最合适的刈割期是在第 1 朵花出现至 1/10 的紫花苜蓿开花且根茎上长出大量新芽的阶段，此时营养物质含量高，根部养分蓄积多，再生性良好。蕾前或现蕾时刈割，蛋白质含量高，饲用价值大，但产量较低，且根部养分蓄积少，影响再生能力。刈割时期还要视饲喂要求来定，青饲宜早，调制干草可在初花期刈割。紫花苜蓿为多年生牧草，管理良好时可利用 5 年以上，以第 2~4 年产草量最高。

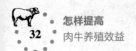

　　紫花苜蓿的利用方式有多种，可青饲、放牧、调制干草或青贮。紫花苜蓿茎叶中含有皂角素，有抑制酶的作用。肉牛大量采食鲜嫩紫花苜蓿后，可在瘤胃内形成大量泡沫样物质，引起臌胀病，甚至死亡，故饲喂鲜草时应控制喂量，放牧地最好采取豆禾草混播。

　　② 三叶草。目前栽培较多的为红三叶（红车轴草、红菽草、红荷兰翘摇）和白三叶。红三叶是江淮流域和灌溉条件良好地区重要的豆科牧草之一。新鲜的红三叶中干物质含量为 13.9%，粗蛋白质含量为 2.2%。以干物质计，其所含可消化粗蛋白质低于苜蓿中的含量，但其所含的净能值较苜蓿的略高。红三叶草质柔软，适口性好，既可以放牧，也可以制成干草、青贮利用，放牧时发生臌胀病的机会也较苜蓿少，但仍应注意预防。白三叶是华南、华北地区的优良草种。由于白三叶草丛低矮、耐践踏、再生性好，最适于放牧利用。其适口性好，营养价值高，鲜草中粗蛋白质含量较红三叶中的含量高，而粗纤维含量较红三叶中的含量低。

　　③ 苕子。苕子是一年生或越年生豆科植物，在我国栽培的主要有普通苕子（春苕子、普通野豌豆、普通舌豌豆）和毛苕子两种。普通苕子营养价值较高，茎枝柔嫩，生长茂盛，叶多，适口性好，是肉牛喜食的优质牧草，既可青饲，又可青贮、放牧或调制干草。毛苕子是水田或棉田的重要绿肥作物，生长快，茎叶柔嫩，可青饲、调制干草或青贮。毛苕子中蛋白质和矿物质含量都很丰富，营养价值较高，鲜草或干草的适口性均好。

【注意】

　　　　普通苕子或毛苕子的籽实中粗蛋白质含量高达 30%，较蚕豆和豌豆中的含量稍高，可作精饲料用。但其中含有生物碱和氰苷，氰苷经水解酶分解后会释放出氢氰酸，饲用前必须浸泡、淘洗、磨碎、蒸煮，同时要避免大量、长期、连续使用，以免中毒。

　　④ 草木樨。草木樨属植物约有 20 种，最重要的是二年生白花草木樨、黄花草木樨和无味草木樨。草木樨既是一种优良的豆科牧草，也是

重要的保土植物和蜜源植物。草木樨可青饲、调制干草、放牧或青贮，具有较高的营养价值，与苜蓿相似。以干物质计，草木樨中粗蛋白质含量为19.0%，粗脂肪含量为1.8%，粗纤维含量为31.6%，无氮浸出物含量为31.9%，钙含量为2.74%，磷含量为0.02%。

【注意】

草木樨含有香豆素，有不良气味，故适口性差，饲喂时应由少到多，使肉牛逐步适应。无味草木樨的最大特点是香豆素含量低，适口性较好。当草木樨保存不当而发霉腐败时，在霉菌作用下，香豆素会变为双香豆素，其结构式与维生素K相似，二者具有拮抗作用。肉牛采食了霉烂的草木樨后，遇到内外创伤或手术，血液不易凝固，有时会因出血过多而死亡。减喂、混喂、轮换喂可防止出血症的发生。

⑤沙打旺（直立黄芪、苦草）。沙打旺适应性强，产量高，是饲料、绿肥、固沙保土等方面的优良牧草。其茎叶鲜嫩，营养丰富，以干物质计，粗蛋白质含量为23.5%，粗脂肪含量为3.4%，粗纤维含量为15.4%，无氮浸出物含量为44.3%，钙含量为1.34%，磷含量为0.34%。沙打旺含有硝基化合物，有苦味，饲喂时应与其他牧草搭配使用。

⑥黑麦草。本属植物有20多种，其中最有饲用价值的是多年生黑麦草和一年生黑麦草，在我国南方和北方都有种植。黑麦草生长快，分蘖多，一年可多次收割，产量高，茎叶柔嫩光滑，适口性好，以开花前期的营养价值最高，可青饲、放牧或调制干草。新鲜黑麦草干物质含量约为17%，粗蛋白质含量为2.0%。黑麦草干物质的营养组成随其刈割时期及生长阶段而不同。随着生长期的延长，黑麦草的粗蛋白质、粗脂肪、灰分含量逐渐减少，粗纤维含量明显增加，尤其不能消化的木质素含量增加显著，故刈割时期要适宜。黑麦草制成干草或干草粉后再与精饲料配合，做肉牛育肥饲料效果很好。试验证明，周岁阉牛在黑麦草地上放牧，日增重为700克；喂占饲粮分别为40%、60%、80%的黑麦草

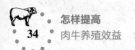

颗粒料，日增重分别为994克、1000克、908克，而且肉质较细。

⑦高丹草。高丹草是由饲用高粱和苏丹草自然杂交形成的一年生禾本科牧草，综合了高粱茎粗、叶宽和苏丹草分蘖力、再生力强的优点，能耐受频繁的刈割，并能多次再生。其特点是产量高，抗倒伏和再生能力出色，抗病、抗旱性好，茎秆更为柔软、纤细，可消化的纤维素和半纤维素含量高，而难以消化的木质素含量低，消化率高，适口性好，营养价值高。高丹草是肉牛的一种优良青饲料。高丹草的主要利用方式是调制干草和青贮，也可直接用于放牧。干草生产适宜刈割期是抽穗至初花期，即播种6~8周后、植株高度达到1~1.5米，此时的干物质中蛋白质含量较高，粗纤维含量较低，可开始第1次刈割，留茬高度应不低于15厘米，过低的刈割会影响再生。再次刈割的时间以3~5周以后为宜，间隔过短会引起产量降低。高丹草青贮前应将含水量由80%~85%降到70%左右；适宜放牧的时间是播种6~8周、株高到45~80厘米时，此时的消化率可达到60%以上，粗蛋白质含量高于15%。过早放牧会影响牧草的再生，放牧可一直持续到初霜前。

⑧黑麦。黑麦是禾本科黑麦属一年或越年生草本植物，株高1.7米，适应性广，耐旱、抗寒、耐瘠薄，分蘖再生能力强，生长速度快，产量高。冬牧70具有营养全面、适口性好、饲用价值高等优点，干物质中粗蛋白质含量为18%，尤其是赖氨酸含量较高，是玉米、小麦的4~6倍，脂肪含量也高，并含有丰富的铁、铜、锌等微量元素和胡萝卜素，是肉牛冬春季节的良好青绿饲料。冬牧70以秋播为主，一般冬前不青割，待第二年3月初进入旺盛生长期开始青割，直到夏播前还可青割2~3次。每次青割留茬7~10厘米，最后一次麦收时刈割，但不留茬。随着黑麦物候期延长，植株逐渐老化，粗蛋白质含量逐渐下降，头茬饲草粗蛋白质含量高，可以作为蛋白质饲料使用。除了利用其青饲外，也可制作青贮或晒制干草。

3）高产青饲作物。青饲作物是指农田栽培的农作物或饲料作物，在结实前或结实期收割作为青绿饲料用。常见的青饲作物有青刈玉米、青刈大麦、青刈燕麦、大豆苗、豌豆苗和蚕豆苗等。高产青饲作物突破每亩土地常规牧草生产的生物总收获量，单位能量和蛋白质产量大幅度增加。一般青割作物用于直接饲喂，也可以调制成干草或青贮，这是解决青绿饲料供应的一个重要途径。目前以饲用玉米、甜高粱、籽粒苋等最有价值。

①青刈玉米。玉米是重要的粮食和饲料兼用作物，其植株高大，生长迅速，产量高，茎中糖分含量高，胡萝卜素及其他维生素丰富，饲用价值高。青刈玉米用作肉牛饲料时，可从吐丝到蜡熟期分批刈割，在营养成分、产量上表现出巨大的优势。青刈玉米味甜多汁，适口性好，消化率高，营养价值远远高于收获籽粒后剩余的秸秆，是肉牛的良好青绿饲料。

将玉米在乳蜡熟期收割，做肉牛的青饲料，其总收获量以绝对风干物质折算，当 0.067 公顷产鲜草 4500 千克时，其粗蛋白质产量达 87.8 千克，比收籽粒加秸秆的粗蛋白质总产量高出 15.9 千克，即高出 42%，比单独收获籽粒高出 195%。玉米适期青割比收获籽粒加枯黄秸秆或者比单纯地收获籽粒的蛋白质总产量高 2~3 倍，可消化蛋白质也同样增产。青饲玉米的能量为 8846.2 兆焦，但比玉米成熟后分别收籽粒和秸秆的总能量（8244 兆焦）要高 7%。将饲用玉米留作青贮是养牛的良好青饲料，宜大力推广。

近年来，我国育成了一些饲料专用玉米新品种，如"龙牧 3 号""新多 2 号"等，均适合于青饲或青贮，属于多茎多穗型，果实成熟后茎叶仍保持鲜绿，草质优良，每公顷鲜草产量可达 45~135 吨。

②青刈大麦。大麦也是重要的粮饲兼用作物之一，有冬大麦和春大麦之分。大麦有较强的再生性，分蘖能力强，及时刈割后可收到再生草，因此是一种很好的青饲作物。青割大麦可在拔节至开花时分期刈割，随割随喂。延迟收获则品质迅速下降。早期收获的青刈大麦质地鲜嫩，适口性好，可以直接作为肉牛的饲料，也可调制成干草或青贮。

③青刈高粱。饲用高粱可分为籽粒型高粱和饲草专用型高粱。籽粒型高粱主要用作配合饲料。饲草专用型高粱又包括两种类型，一种是甜高粱，另一种是高粱与苏丹草杂交种（即前面讲过的高丹草），如晋草 1

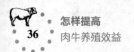

号、皖草 2 号、菼草、哥伦布草和约翰逊草等。甜高粱主要有饲用和粮饲兼用两种方式，饲用时以青贮为主。高粱与苏丹草杂交种主要以饲用为主，可进行青饲、干饲和青贮，是一种高产优质的饲用高粱类型。

甜高粱通常是普通高粱与甜高粱杂交的 F_1 代。其茎秆中汁多、含糖量高、植株高大、生物产量高，一般籽粒产量为 5250 ~ 6000 千克/公顷，茎叶鲜重为 7.5 万千克/公顷，茎秆中糖分含量为 50% ~ 70%。可在籽粒接近成熟时收割，将高粱籽粒、茎叶一起青饲或青贮以后喂饲。

④ 青刈豆苗。青刈豆苗包括青刈大豆、青刈秣食豆、青刈豌豆和青刈蚕豆等，也是一类很好的青饲作物。与青饲禾本科作物相比，青刈豆苗蛋白质含量高，且品质好、营养丰富，肉牛喜食，但用其大量饲喂肉牛时易发生臌胀病。刈割时间因饲喂目的不同而异，早期急需青绿饲料可在现蕾至开花初期株高为 40 ~ 60 厘米时刈割，刈割越早品质越好，但产量低。通常在开花至荚果形成时期刈割，此时茎叶生长繁茂，干物质产量最高，品质也好。

适时刈割的豆苗茎叶鲜嫩柔软，适口性好，富含蛋白质和各种氨基酸，胡萝卜素、维生素 B_1、维生素 B_2、维生素 C 和各种矿物质含量也高，是肉牛的优质青绿饲料。饲喂时，可整喂或切短饲喂。除供青饲外，在开花结荚时期刈割的豆苗还可供调制干草用。秋季调制的干草颜色深、品质佳，是肉牛优良的越冬饲料。也可制成草粉，作为畜禽配合饲料的原料。

【注意】

青饲时，多量采食易患臌胀病，应与其他饲料搭配饲喂为宜。

⑤ 籽粒苋。籽粒苋是一年生草本植物中的一种粮饲兼用作物，以高产、优质、抗逆性强、生长速度快等特性著称。籽粒苋的叶片柔软，茎秆脆嫩，适口性好，具有很高的营养价值。籽粒苋的蛋白质和赖氨酸的含量高于其他谷物，特别是赖氨酸含量高（约 1%）；粗脂肪含量高，不饱和脂肪酸含量达 70% ~ 80%；粗纤维含量低；茎、叶还含有丰富的有

机盐、维生素和多种微量元素，钙、铁含量高于其他饲料作物。籽粒苋籽的营养成分也相当高，苋籽的粗蛋白质含量比玉米的高1倍，矿物质含量也高，特别是钾、镁、钙、铁等元素的含量是一般作物的几倍甚至几十倍，苋籽的磷含量比玉米的高近3倍，钙含量比玉米的高10倍以上。籽粒苋结实后，老茎秆的蛋白质含量虽下降至8%~9%，但仍然接近玉米籽粒的蛋白质含量（9%~10%），并高于红薯干粉的营养水平。籽粒苋青饲料产量高，全年可刈割3~5次，青刈产量比其他饲料作物高，一般亩产青绿茎叶都在10吨以上，最高可达20吨，而且刈割后再生能力很强。

⑥ 小黑麦。小黑麦适宜于小麦不宜种植的地区，是粮饲兼用作物，有春性和冬性两种。小黑麦地上部分生长旺盛，叶片肥厚，营养成分高。小黑麦的鲜草产量受播种时间的影响较大：当播种较早时，每公顷产量为60~125吨；当播种较迟时，每公顷产量为45~60吨。小黑麦抽穗前和籽实中营养成分含量很高。

4）叶菜类。叶菜类除了作为饲料栽培的苦荬菜、聚合草、甘蓝、牛皮菜、猪苋菜、串叶松香草、菊苣和杂交酸模等以外，还有食用蔬菜、根茎瓜类的茎叶及野草、野菜等。

5）非淀粉质根茎瓜类饲料。非淀粉质根茎瓜类饲料包括胡萝卜、芜青甘蓝、甜菜及南瓜等。这类饲料天然水分含量高达70%~90%，粗纤维含量低，而无氮浸出物含量较高，且多为易消化的淀粉或糖分，可作为肉牛冬季的主要青绿多汁饲料。至于马铃薯、甘薯、木薯等，因其富含淀粉，生产上多被干制成粉后用作饲料原料，因此放在"能量饲料"部分进行介绍。

6）水生饲料。水生饲料主要有水葫芦、水花生、绿萍、水芹菜和水竹叶等。这类饲料具有生长快、产量高、不占耕地和利用时间长等优点。在南方水资源丰富地区，因地制宜发展水生饲料并加以合理利用，是扩大青绿饲料来源的一个重要途径。水生饲料茎叶柔软、细嫩多汁，施肥充足者长势茂盛，营养价值较高，缺肥者叶少根多，营养价值也较低。这类饲料水分含量高达90%~95%，干物质含量很低，故营养价值

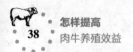

也低。因此，水生饲料应与其他饲料搭配使用，以满足肉牛的营养需要。

【注意】

水生饲料最易带来寄生虫病，如猪蛔虫、姜片虫和肝片吸虫等。如果饲料利用不当，往往得不偿失。除了注意水塘的消毒、灭螺工作外，最好将水生饲料青贮发酵后饲喂，有的也可制成干草粉。

7）树叶类。我国有丰富的树木资源，除少数不能饲用外，大多数树木的叶子、嫩枝及果实含有丰富的蛋白质、胡萝卜素和粗脂肪，有增强肉牛食欲的作用，都可用作肉牛的饲料。

8）其他青绿饲料。

① 菜叶类。这类饲料多是蔬菜和经济作物的副产品，其来源广、数量大、品种多。用作饲料的菜叶主要有萝卜叶、甜菜叶和甘蓝边叶等。它们质地柔软，水分含量高达80%~90%，干物质含量少，干物质中蛋白质含量在20%左右，其中大部分为非蛋白氮化合物，粗纤维含量少，能量不足，但矿物质丰富。

② 藤蔓类。主要包括南瓜藤、丝瓜藤、甘薯藤、马铃薯藤，以及各种豆秧、花生秧等。

3. 青贮饲料

青贮饲料是指将新鲜的青饲料（青绿玉米秸、高粱秸、牧草等）切短（彩图18）后装入密封容器或青贮窖（彩图19）内，经过微生物发酵作用，制成一种具有特殊芳香气味、营养丰富的多汁饲料。它能够长期保存青绿多汁饲料的特性，扩大饲料资源，保证为家畜均衡供应青绿多汁饲料。青贮饲料具有气味酸香、柔软多汁、颜色黄绿和适口性好等优点。

（1）青贮饲料的特点

1）可以保存青绿饲料的营养特性。青绿饲料在密封厌氧条件下贮藏，不受日晒、雨淋的影响，也不受机械损失的影响；贮藏过程中氧化分解作用弱，养分损失少，一般不超过10%。

2）可以一年四季为家畜供给青绿多汁饲料。由于青饲料生长期短、老化快、受季节影响较大，很难做到一年四季均衡供应。调制良好的青贮饲料，如果管理得当，可贮藏多年，因此可以保证家畜一年四季都能吃到优良的多汁料，调剂青绿饲料供应的不平衡。青贮饲料仍保持青绿饲料的水分、维生素含量高及颜色青绿等优点。我国西北、东北、华北地区的气候寒冷，青绿饲料生长期短，青绿饲料生产受限制，整个冬春季节都缺乏青绿饲料，调制青贮饲料把夏季、秋季多余的青绿饲料保存起来，供冬春季节利用，解决了冬春季节肉牛缺乏青绿饲料的问题。

3）饲喂价值高，消化性强，适口性好。整株植物都可以用作青贮，比单纯收获籽实的饲喂价值高 30%~50%。与晒成的干草相比，青贮饲料养分损失少，在较好的条件下晒制的干草养分损失 20%~40%，而青贮方法只损失 10%，比干草的营养价值高，蛋白质、维生素保存较多。青贮饲料经过乳酸菌发酵，产生大量乳酸和芳香族化合物，具酸香味，柔软多汁，适口性好。用同类青草制成的青贮饲料和干草，青贮饲料的消化率有所提高（表 2-1）。

表 2-1　青贮饲料与干草消化率比较

饲料种类	干物质（%）	粗蛋白质（%）	脂肪（%）	无氮浸出物（%）	粗纤维（%）
干草	65	62	53	71	65
青贮饲料	69	63	68	75	72

4）青贮饲料单位容积内贮量大。青贮饲料贮藏空间比干草小，可节约存放场地。1 米³ 青贮饲料为 450~700 千克，其中含干物质 150 千克，而 1 米³ 干草仅为 70 千克，约含干物质 60 千克。在贮藏过程中，青贮饲料不受风吹、日晒、雨淋的影响，也不会发生火灾等事故。

5）青贮饲料调制方便。青贮饲料的调制方法简单、易于掌握。修建青贮窖或备制塑料袋的费用较少，一次调制可长久利用。在阴雨季节或天气不好时，晒制干草困难，对青贮的调制过程则影响较小。调制青贮饲料可以扩大饲料资源，一些植物如菊科类及马铃薯茎叶在青饲时具有异味，家畜适口性差，饲料利用率低。但经青贮后，气味改善，柔软

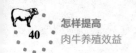

多汁,提高了适口性,成为家畜喜食的优质青绿多汁饲料。有些农副产品（如甘薯、萝卜叶、甜菜叶等）收获期很集中,收获量很大,短时间内用不完,又不能直接存放,或因天气条件限制不易晒干,若及时调制成青贮饲料,则可充分发挥此类饲料的作用。

6）消灭害虫及杂草。很多危害农作物的害虫多寄生在收割后的秸秆上越冬,如果把秸秆铡碎后青贮,青贮饲料经发酵后酸度较高,就可使其所含的害虫虫卵和杂草种子失去活力,减少对肉牛生长发育的危害。如玉米螟的幼虫常钻入玉米秸秆越冬,第二年孵化为成虫后继续繁殖。秸秆青贮是防治玉米螟的最有效措施之一。此外,许多杂草的种子经过青贮后可丧失发芽的机会和能力。如将杂草及时青贮,不仅给家畜储备了饲草,也减少了杂草的滋生。

(2) 青贮过程中营养物质的变化

1）碳水化合物。在青贮发酵过程中,由于各种微生物和植物本身酶体系的作用,使青贮原料发生一系列生物化学变化,引起营养物质的变化和损失。在青贮的饲料中,只要有氧存在,且 pH 不发生急剧变化,植物呼吸酶就有活性,青贮作物中的水溶性碳水化合物就会被氧化为二氧化碳和水。在正常青贮时,原料中水溶性碳水化合物（如葡萄糖和果糖）发酵成为乳酸和其他产物。另外,部分多糖也能被微生物发酵作用转化为有机酸,但纤维素仍然保持不变,半纤维素有少部分水解,生成的戊糖可发酵生成乳酸。

2）蛋白质。正在生长的饲料作物的总氮中有 75%~90%的氮以蛋白氮的形式存在。饲料作物收获后,植物蛋白酶会迅速将蛋白质水解为氨基酸,在 12~24 小时内,总氮中有 20%~25%的氮被转化为非蛋白氮。青贮饲料中蛋白质的变化与 pH 的高低有密切关系,当 pH 小于 4.2 时,蛋白质因植物细胞酶的作用,部分蛋白质分解为氨基酸,且较稳定,不会造成损失;但当 pH 大于 4.2 时,由于腐败菌的活动,氨基酸便分解成氨、胺等非蛋白氮,使蛋白质受到损失。

3）色素和维生素。青贮期间最明显的变化是饲料的颜色。由于有机酸对叶绿素的作用,使其成为脱镁叶绿素,从而导致青贮饲料变为黄绿色。青贮饲料的颜色通常在装贮后 3~7 天内发生变化。窖壁和表面的青贮饲料常呈黑褐色。青贮温度过高时，青贮饲料也呈黑色，不能利用。

维生素 A 前体物β-胡萝卜素的破坏与温度和氧化的程度有关。二者值均高时，β-胡萝卜素损失较多。但贮存较好的青贮饲料，胡萝卜素的损失一般低于 30%。

（3）青贮饲料的营养价值　由于青贮饲料在青贮过程中化学变化复杂，它的化学成分和营养价值与原料相比有所区别。青贮饲料中粗蛋白质主要为非蛋白氮。青贮饲料中糖分极少，乳酸与醋酸则相当多。虽然这些非蛋白氮（主要是游离氨基酸）与脂肪酸使青贮饲料的饲喂性质发生了改变，但对动物的营养价值还是比较高的。

从常规分析成分的消化率看，青贮饲料的各种有机物质的消化率和原料的非常相近，两者无明显差别，因此它们的能量价值也是近似的。

青贮饲料同其原料相比，蛋白质的消化率相近，但是它们被用于增加动物体内氮素的沉积效率则往往低于其他原料。其主要原因是，由大量青贮饲料组成的饲粮在肉牛瘤胃中往往产生大量的氨，这些氨被吸收后，相当一部分以尿素形式从尿中排出。因此，为了提高青贮饲料对氮素的作用，可以按照反刍动物应用尿素等非蛋白氮的办法，在饲粮中增加富含碳水化合物的玉米等谷实类，可获得较好的效果。如果由半干青贮或甲醛保存的青贮饲料来组成饲粮，则可见氮素沉积的水平提高。

4. 能量饲料

能量饲料是指干物质中粗纤维含量低于 18%、粗蛋白质含量低于 20% 的饲料。其特点是能值高，粗蛋白质和必需氨基酸含量及粗纤维、粗灰分含量低，缺乏维生素 A 和维生素 D，但富含 B 族维生素和维生素 E。这类饲料常用来补充肉牛饲料中能量的不足，在肉牛饲粮中所占比例最大，一般为 50%~70%。

（1）谷实类

1）玉米。玉米被称为饲料大王。玉米的可溶性碳水化合物含量高（72%），粗纤维含量低（2%），消化率可达 90%。玉米的脂肪含量高（3.5%~4.5%），粗蛋白质含量偏低（8.0%~9.0%），缺乏赖氨酸、蛋

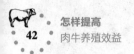
氨酸和色氨酸。玉米的适口性好、能量含量高,在瘤胃中的降解率低于其他谷类,可以通过瘤胃达到小肠的营养物质比较多,因此可大量用于牛的日粮中。

【注意】

对于青年牛或育肥的肉牛,整粒饲喂比粉碎饲喂较好。带芯玉米也可喂牛。

2)高粱。高粱籽实所含能量因品种不同而不同,带壳少的高粱籽实能量多,也是较好的能量饲料。高粱的蛋白质含量略高于玉米,氨基酸组成的特点和玉米相似,也缺乏赖氨酸、蛋氨酸、色氨酸和异亮氨酸。高粱的脂肪含量不高(2.8%~3.3%),亚油酸含量低(1.1%)。高粱有涩味,适口性差(含有单宁),蛋白质利用率低(单宁可以与蛋白质结合,从而降低蛋白质及氨基酸的利用率)。褐色的高粱籽实单宁含量高,白色的含量低,黄色的含量居中。高粱与玉米配合使用,可使在瘤胃消化和过瘤胃到小肠的营养物质有一个较好的分配,可提高饲料效率与日增重。高粱喂牛的效果相当于玉米的90%左右,喂前最好压碎。

3)小麦。小麦具有谷类饲料的通性,营养物质易于消化,适口性好。小麦的粗蛋白质含量在谷类籽实中也是比较高的,一般在12%左右,含量高者可达16%。在欧洲,小麦是主要的谷类饲料。小麦是否用于饲料取决于玉米和小麦本身的价格。

【提示】

小麦作为饲料时喂量不宜过大,否则会引起消化障碍。通常用量最好不超过精饲料的50%。饲喂时应粉碎或碾碎。

4)大麦。大麦属一年生禾本科草本植物,按播种季节可分为冬大麦和春大麦。大麦是一种坚硬的谷粒,在饲喂给牛之前必须将其压碎或碾碎,否则将不经消化就被排出体外。大麦所含的无氮浸出物与粗脂肪均低于玉米,因外面有一层种子外壳,粗纤维含量较高(5%),粗蛋白质含量为 11%~14%，且品质较好。大麦的赖氨酸含量比玉米、高粱的约高 1 倍。大麦粗脂肪中的亚油酸含量很少（0.78%）。大麦的脂溶性维生素含量偏低，不含胡萝卜素，而含有丰富的 B 族维生素。牛因其瘤胃微生物的作用，可以很好地利用大麦。

【提示】

细粉碎的大麦易引起牛瘤胃臌气。可先将大麦浸泡或压扁后饲喂，预防此症。大麦经过蒸汽或高压压扁可提高牛的育肥效果。

5）燕麦。燕麦的麦壳占的比重较大（28%），整粒燕麦籽实的粗纤维含量较高（8%）。燕麦的主要成分为淀粉，含量为 33%~43%，较其他谷实类的少。燕麦的油脂含量为 5.2%，脂肪主要分布于胚部，脂肪中的 40%~47% 为亚麻油酸。燕麦籽实的蛋白质含量高达 11.5% 以上，赖氨酸含量低。富含 B 族维生素，但烟酸含量较低，脂溶性维生素及矿物质含量均低。粗蛋白质含量高于玉米和大麦，但因麸皮（壳）多，粗纤维含量超过 11%，适当粉碎后是牛的好饲料。

6）裸麦（黑麦）。裸麦是一种耐寒性很强的作物，外观类似小麦，但适口性与营养价值不及小麦。按栽培季节可分为春裸麦与冬裸麦，常见的为冬裸麦。裸麦的粗蛋白质含量为 11.6%，粗脂肪含量为 1.7%，粗纤维含量为 1.9%，粗灰分含量为 1.8%，钙含量为 0.08%，磷含量为 0.33%。裸麦易感染麦角霉菌，感染此症后，不仅产量减少、适口性下降，严重时还会引起牛中毒。牛对裸麦的适应能力较强，有较好的适口性。整粒或粉碎后饲喂都可以。

7）稻谷与糙米。稻谷即带外壳的水稻及早稻的籽实，其中外壳占 20%~25%，糙米占 70%~80%，颜色为白色到浅灰黄色，有新鲜米的味道，不应有酸败或发霉的味道。糙米、碎米及陈米可以广泛用于肉牛饲料中，其饲用价值和玉米相似，但应粉碎后使用。

（2）**糠麸类** 糠麸类是谷物加工后的副产品，我国的大宗糠麸类饲料主要是小麦麸（麸皮）和大米糠，它们是面粉厂和碾米厂的副产品。

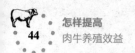

1）小麦麸（麸皮）。麸皮是小麦加工面粉后的副产品。小麦籽实由种皮、胚乳和胚芽三部分组成，其中，种皮占 14.5%、胚乳占 83%、胚芽占 2.5%。麸皮主要由籽实的种皮、胚芽部分组成，并混有不同比例的胚乳、糊粉层成分。麸皮的适口性好，能量较低；粗蛋白质含量较高（11%~15%），蛋白质质量较好，赖氨酸含量为 0.5%~0.7%，蛋氨酸含量为 0.11%。麸皮中 B 族维生素及维生素 E 的含量高，可以作为牛配合饲料中维生素的重要来源。因此，在配制饲料时，麸皮通常都作为一种重要原料。麸皮是牛良好的饲料，在日粮比例中占 10%~20%。

【提示】

麸皮的最大缺点是钙、磷含量比例极不平衡（干物质中钙和磷含量的比例为 1∶8），因此，与其他饲料或矿物饲料配合使用较好。麸皮具有轻泻作用，母牛产后饲喂适量的麸皮，可以调养消化道的机能。

2）米糠。米糠是糙米加工成白米时分离出的种皮、糊粉层与胚三种物质的混合物，一般每 100 千克糙米可分出 6~8 千克米糠。与麸皮一样，米糠的营养价值视白米加工程度不同而异，加工的米越白，则胚乳中物质进入米糠的就越多，米糠的营养价值越高。细米糠基本不含稻壳，故粗纤维含量低，其粗蛋白质含量为 13%左右。细米糠的蛋白质品质较好，在谷类饲料中，它的赖氨酸含量较高。脂肪含量较高（15%以上），并且脂肪中不饱和脂肪比例高，易酸败变质，不宜久存。米糠在日粮中的用量最好控制在 10%以内。

【提示】

细米糠的最大缺点是钙、磷含量比例严重不当（比例为 1∶20），因此，在大量使用细米糠时，应注意补充含钙饲料。

3）大豆皮。大豆皮是大豆加工过程中分离出的种皮，其粗蛋白质含量为 18.8%，粗纤维含量高，但其中木质素少，所以消化率高，适口性也好。将大豆皮加入粗饲料中，能提高牛的采食量。大豆皮的饲喂效果与玉米相同。

4）玉米皮。玉米皮的粗蛋白质含量为10.1%，粗纤维含量较高（9.1%~13.8%），可消化性比玉米差。

（3）薯类

1）甘薯。甘薯（红薯、白薯、红苕、地瓜）是高产作物，一般每亩产量为1000~1500千克。如以块根中干物质计算，甘薯的产量比水稻、玉米的产量都高，其有效能值与稻谷近似，适合作为能量饲料。甘薯的粗蛋白质含量较低，在干物质中也只有3.3%，粗纤维少，富含淀粉，钙的含量特别低。甘薯怕冷，宜在13℃左右储存。甘薯制粉后留下的甘薯粉渣的含水量不同，鲜粉渣含水量为80%~85%，干燥粉渣含水量为10%~15%。粉渣中的主要营养成分为可溶性无氮浸出物，容易被牛利用。由于甘薯中含有很少的蛋白质和矿物质，故其粉渣中也缺少蛋白质、钙、磷和其他无机盐类。甘薯味道甜美，是牛的良好能量饲料。甘薯煮熟后喂牛的效果更好，生喂量大，容易造成腹泻。甘薯粉和其他蛋白质饲料相结合，制成颗粒喂牛可取得良好的饲喂效果，但应在饲料中添加足够的矿物质饲料。

【提示】

　　甘薯易患黑斑病，患有黑斑病的甘薯及其制粉和酿酒的糟渣不能喂牛。有黑斑病的甘薯有异味且含毒性酮。如给牛饲喂有黑斑病的甘薯，易导致喘气病，严重的会引起牛死亡。

2）木薯。木薯主要产于我国南方，是高产作物，一般每亩产量为2000~5000千克。以块根中干物质计算，木薯的产量比玉米、水稻的产量都高。木薯属于多汁饲料，含水量为70%~75%，粗纤维含量比较低，能量营养价值比较高。木薯的粗蛋白质含量低，在干物质中也只有2%~3%，矿物质含量也很低，特别是钙的含量更低。木薯可切成片后晒干，木薯干中含有丰富的碳水化合物，其有效能值与糙米、大麦相近，但蛋白质的含量低且质量差，无机盐、微量元素等矿物质含量均低。木薯分为甜木薯和苦木薯两种，

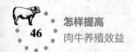

但均含有易溶于水的里那苦甙，经酶的作用或遇稀酸游离出氢氰酸。

【提示】

　　木薯经过水浸，可溶去里那苦甙，经过煮沸30分钟以上，其氢氰酸可全部消失。木薯可在牛饲料中限量使用，以不超过日粮的20%为好。

　　3）马铃薯（土豆）。马铃薯属于块根块茎类植物，能量营养价值次于木薯和甘薯。马铃薯含有大量的无氮浸出物，其中大部分是淀粉，约占干物质的70%。风干的马铃薯中粗纤维含量为2%～3%，无氮浸出物含量为70%～80%，粗蛋白质含量为8%～9%。每千克风干的马铃薯中含消化能约14.23兆焦。马铃薯含非蛋白氮较多，约占蛋白质含量的一半。马铃薯经加工制粉后的剩余物为马铃薯粉渣，该粉渣与甘薯粉渣一样，是含淀粉很丰富的饲料，其饲料成分和营养价值也几乎相同。干粉渣蛋白质含量约4.1%，可溶性无氮浸出物含量约70%，是很好的能量饲料。马铃薯粉渣可以用于牛饲料中。牛可以很好地利用马铃薯的非蛋白质含氮物和可溶性无氮浸出物，马铃薯在日粮中的比例应控制在20%以下。

【提示】

　　马铃薯中有一种含氰物质，叫龙葵素，是有毒物质，主要分布在块茎青绿皮上、芽眼与芽中。发芽的马铃薯不能喂牛，否则易引起胃肠炎。

　　（4）**糖蜜**　糖蜜是制糖工业的副产品。按制糖原料不同，分为甘蔗糖蜜、甜菜糖蜜、柑橘糖蜜及淀粉糖蜜。糖蜜为黄色或褐色液体，其中柑橘糖蜜略苦，其余三种均具有甜味。

　　糖蜜的主要成分为糖类。甘蔗糖蜜的蔗糖含量为24%～36%，还原糖含量为12%～24%。甜菜糖蜜所含糖类几乎都是蔗糖（含量达47%）。糖蜜微量元素含量较高，还含有少量的钙、磷，但维生素的含量非常低。

除淀粉糖蜜外，其他糖蜜含有3%~4%的可溶性胶体，主要成分为木糖、阿拉伯糖胶及果胶等。各种糖蜜均含有少量粗蛋白质，其中多属非蛋白氮。糖蜜具有黏性，这有助于制粒，可以作为黏结剂使用，1%~3%即具有改善颗粒饲料硬度的效果。对粉状饲料尚有降低粉尘的作用。糖蜜含有盐水，故有轻泻的作用。糖蜜多为液态，含水虽高，很难在配合饲料中大量使用。牛瘤胃微生物可很好地利用糖蜜中的非蛋白氮，从而提高其蛋白质价值。糖蜜中的糖类有利于瘤胃微生物的生长和繁殖，因此，可以改善瘤胃的环境。糖蜜可作为肉牛育肥的饲料，和干草、秸秆等粗饲料搭配使用，可改善它们的适口性，提高牛的采食量。糖蜜的用量可占日粮的5%~10%。

（5）**甜菜与甜菜渣** 甜菜类作物有许多种类，一般视其块根中干物质和糖分含量的多少，可分为饲用甜菜、半糖用甜菜和糖用甜菜。饲用甜菜的鲜样中干物质的含量为9%~14%，干物质中粗蛋白质含量为8%~10%，粗纤维含量为4%~6%，糖分含量为50%~60%；半糖用甜菜的鲜样中干物质的含量为14%~20%，干物质中粗蛋白质含量为6%~8%，粗纤维含量为4%~6%，糖分含量为60%~70%；糖用甜菜的鲜样中干物质的含量为20%~25%，干物质中粗蛋白质含量为4%~6%，粗纤维含量为4%~6%，糖分含量为65%~75%。由于糖用和半糖用甜菜中含有大量蔗糖，故一般不用来做饲料，而是用于制糖，其副产品——甜菜渣用来做饲料。甜菜渣是甜菜块根经过浸泡、压榨，提取糖液后的残渣，呈粒状或丝状，多为浅灰色或灰色，略具甜味。甜菜渣鲜样中水分含量为88%左右。湿甜菜渣经烘干后制成干粉料，干粉料中粗蛋白质含量约9%，粗纤维含量高（可达20%以上），无氮浸出物含量为50%左右，维生素和矿物质含量均低。在给牛饲喂干甜菜渣之前，应先用2~3倍重量的水浸泡，避免干饲后在消化道内大量吸水而引起膨胀致病。甜菜渣中加入糖蜜和7.8%的尿素，可以制成甜菜渣块制品。该块制品质硬、消化慢、尿素利用率高、安全性好，采食量可提高20%。每头牛可喂40千克新鲜甜菜渣。

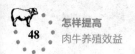

【注意】

甜菜和甜菜渣都是牛育肥的好饲料，干、鲜皆宜。干甜菜渣可以取代日粮中的部分谷类饲料，但不可作为唯一的精饲料来源。干甜菜渣在牛育肥料中可取代50%左右的谷物饲料，并且用它可以预防牛瘤胃臌气。在犊牛料中，应尽量少用。

（6）**果渣**　我国有大量的果蔬产品的副产品，如苹果渣、葡萄渣、柑橘渣和番茄渣等。这些副产品富含肉牛可以消化的营养物质，然而由于水分含量高，难以保存。近年来，通过微生物发酵技术，向这些高水分含量的新鲜果渣中添加益生菌，在有氧和无氧条件下进行发酵，其产品可以很好地用于牛饲料中，用量以占日粮的20%以下为宜。

【提示】

在以秸秆、干草为主的肉牛的冬季日粮中配合一些多汁饲料，如薯类、瓜蔬类、果渣等，能改善日粮的适口性，提高饲料的利用率。

5. 蛋白质饲料

蛋白质饲料包括植物性蛋白质饲料、非蛋白氮饲料和单细胞蛋白饲料等。

（1）**植物性蛋白质饲料**　植物性蛋白质饲料的蛋白质含量较高，赖氨酸和色氨酸的含量较低。

1）大豆粕（饼）。黄豆取油后的粕是所有粕（饼）中最好的。大豆粕的蛋白质含量较高（40%～44%），可利用性好，必需氨基酸的组成比例也相当好，尤其是赖氨酸的含量是饼、粕类饲料中含量最高的，可达2.5%～2.8%，是棉仁饼、菜籽饼及花生饼的1倍。大豆粕的缺点是蛋氨酸不足，因而，在主要使用大豆粕的日粮中一般要另外添加蛋氨酸，才能满足牛的营养需要。

【提示】

　　大豆粕（饼）是牛的优质蛋白质饲料，可用于配制代乳饲料和犊牛的开口食料。质量好的大豆粕色黄味香，适口性好，日粮中比例可达20%。

　　2）菜籽粕（饼）。菜籽粕（饼）的原料是油菜籽。菜籽粕（饼）的蛋白质含量中等（36%左右），代谢能较低，约为8.4兆焦/千克，所含矿物质和维生素比豆饼丰富，含磷较高，硒含量比大豆粕高6倍，居各种粕（饼）之首。菜籽粕（饼）中的有毒有害物质主要是从油菜籽中所含的硫葡萄糖苷酯类衍生出来的，这种物质分布于油菜籽的柔软组织中。此外，菜籽中还含有单宁、芥子碱、皂角苷等有害物质。它们有苦涩味，影响蛋白质的利用效果，会阻碍牛的生长。在牛精饲料中的用量不超过10%。菜籽粕（饼）在牛瘤胃内的降解速度低于豆粕的降解速度，过瘤胃部分较大。由双低油菜籽（含硫葡糖苷和芥子碱低）加工的菜籽粕（饼），含毒素少，在饲料中可不受限制。

【提示】

　　犊牛和妊娠牛最好不饲喂菜籽粕（饼）。

　　3）棉籽粕（饼）。棉花籽实脱油后的粕（饼），因加工条件不同，营养价值相差很大。由完全脱壳的棉仁所制成的粕（饼）叫作棉仁粕（饼），其蛋白质含量可达41%以上。而由不脱掉棉籽壳的棉籽制成的棉籽粕（饼），蛋白质含量为22%左右。棉籽内含有有害的物质——棉酚和环丙烯脂肪酸。棉酚可引起畜禽中毒，畜禽游离棉酚中毒一般表现为采食量减少、呼吸困难、严重水肿、体重减轻，以致死亡。因牛瘤胃微生物可以分解棉酚，所以棉酚的毒性相对较小。棉籽粕（饼）可作为良好的蛋白质饲料来源，是棉区喂牛的好饲料。犊牛日粮中用量不超过20%，架子牛日粮中用量可占精饲料的60%。

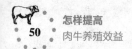

【提示】

如果长期过量使用棉籽粕（饼），则影响牛的种用性能，要进行脱毒，常用的去毒方法为煮沸 1~2 小时，冷却后饲喂。

4）向日葵仁粕（饼）。向日葵仁粕（饼）也就是向日葵籽榨油后的残余物。向日葵仁粕（饼）的饲用价值视脱壳程度而定。向日葵仁粕（饼）脱壳不净，粗蛋白质含量为 28%~32%，赖氨酸含量不足。向日葵仁粕（饼）带壳少，粗纤维含量为 12%。向日葵仁粕（饼）与其他粕（饼）类饲料配合使用可以得到良好的饲养效果。

【提示】

牛对氨基酸的要求比单胃动物低，向日葵仁粕（饼）的适口性好，其饲养价值相对比较高，脱壳者效果与大豆粕（饼）不相上下。它也是牛的优质饲料，与棉籽粕（饼）有同等价值。

5）花生仁粕（饼）。花生的品种很多，脱油方法不同，花生仁粕（饼）的性质和成分也不相同。脱壳后榨油的花生仁粕（饼）营养价值高，代谢能可超过大豆粕（饼），可达到 12.50 兆焦/千克，是粕（饼）类饲料中可利用能量水平最高的饼粕。其蛋白质含量也很高，可以达到 44% 以上。花生仁粕（饼）适口性极好，有香味，所有动物都很爱吃。花生仁粕（饼）的氨基酸含量比较平衡，利用率也很高，但不像豆饼、鱼粉那样在配合饲料时提供更多的赖氨酸及含硫氨基酸。牛的饲料可使用花生仁粕（饼），并且其饲喂效果不次于大豆粕（饼）。

【注意】

花生仁粕（饼）很易染上黄曲霉菌，引起中毒。花生仁粕（饼）中的残脂容易氧化，不易保存。因此，花生仁粕（饼）应随加工随使用，不要储存时间过长。

6）芝麻粕（饼）。芝麻粕（饼）不含对畜禽不良作用的因素，是安全的饼粕饲料。粗纤维含量为 7% 左右，代谢能为 9.5 兆焦/千克，粗蛋白质含量可达40%。其最大特点是蛋氨酸含量特别高，可达0.8%以上，是大豆粕、棉仁粕中蛋氨酸含量的1倍，比菜籽粕、向日葵仁粕中蛋氨酸的含量约高1/3，是所有植物性饲料中蛋氨酸含量最高的饲料。

【注意】

　　　芝麻粕（饼）中赖氨酸含量不足，配料时应注意。日粮中可提高芝麻粕（饼）的用量，可用于犊牛和育肥牛。

　　7）亚麻籽粕（饼）。亚麻（胡麻）脱油后的残渣叫胡麻籽饼或胡麻籽粕（亚麻籽饼或亚麻籽粕）。亚麻籽粕（饼）对动物的适口性不好，代谢能值较低。一般亚麻籽粕（饼）中粗蛋白质含量为32%~34%。赖氨酸含量不足，故在使用亚麻籽粕（饼）时要添加赖氨酸或与赖氨酸含量高的饲料混合使用。亚麻籽粕（饼）是肉牛的优质蛋白质饲料，还有促进胃、肠蠕动的功能。日粮中的用量占比应在10%以下。

【注意】

　　　亚麻籽粕（饼）中含有苦甙，经酶解后生成氢氰酸，用量过多会对动物产生毒害作用；亚麻籽粕（饼）中残脂高，易变质，不利于保存；经过高温高压榨油的亚麻籽粕（饼）很容易引起蛋白质褐变，降低其利用率。

　　8）椰子粕（饼）。椰子的胚乳部分经过干燥成为干核，含油量为66%，去油后的产物就是椰子粕（饼）。椰子粕（饼）的纤维含量多（12%~14%），代谢能值低，氨基酸组成不够好，缺乏赖氨酸和蛋氨酸；水分含量为8%~9%，粗蛋白质含量为20%~21%，压榨脱油的粗脂肪含量可达6%，溶剂去油的粗脂肪含量仅为1.5%。椰子粕（饼）含有饱和脂肪酸，宜用于牛的饲料中，适口性好。

【注意】

　　　牛采食太多椰子粕（饼）会有便秘倾向，在精饲料中的占比以20%以下为宜。

9）其他植物加工副产品。主要是糟渣类，常见的有玉米蛋白粉、豆腐渣、酱油渣、粉渣和酒糟等。玉米蛋白粉的蛋白质含量为 25% ~ 60%，蛋白质利用率高，蛋氨酸含量高，但赖氨酸不足。豆腐渣、酱油渣、粉渣等粗蛋白质含量都在 20% 以上，粗纤维含量高，维生素缺乏，消化率较低，水分含量高，不宜存放过久，否则极易被霉菌及腐败菌污染而变质。酒糟蛋白质含量为 19% ~ 30%，是育肥牛的好饲料，日喂量可以达到 10 千克。但妊娠牛不宜多喂。

（2）非蛋白氮饲料　非蛋白氮饲料主要指蛋白质以外的其他含氮物，如尿素、磷酸脲、硫酸铵、磷酸氢二铵等。粗蛋白质含量高，如尿素中粗蛋白质含量相当于豆粕的 7 倍；味苦，适口性差；不含能量，在使用中应注意补加能量物质；缺乏矿物质，特别要注意补充磷、硫。

【注意】

尿素只能喂给成年牛，用量一般不超过饲粮干物质的 1%。不能单独饲喂或溶于水中让牛直接饮用，要将尿素混合在精饲料或铡短的秸秆、干草中饲喂。严禁饲喂过量，避免产生氨中毒。饲喂时要有 2 周以上的适应期，只能在 6 月龄以上的牛的日粮中使用。

（3）单细胞蛋白饲料　单细胞蛋白是指利用糖、氮、烃类等物质，通过加工的方式培养能利用这些物质的细菌、酵母等微生物制成的蛋白质。单细胞蛋白含有丰富的 B 族维生素、氨基酸和矿物质，粗纤维含量较低；赖氨酸含量较高，蛋氨酸含量低；具有独特的风味，对促进动物的食欲有良好的效果。来源于石油化工、污染物处理工业的单细胞蛋白往往含有较多的有毒、有害物质，不宜作为单细胞蛋白饲料的原料。

常用的单细胞蛋白有酵母、真菌及藻类。酵母的粗蛋白质含量为 40% ~ 50%，生物学价值处于动物性蛋白质饲料和植物性蛋白质饲料之间；赖氨酸、异亮氨酸及苏氨酸含量较高，蛋氨酸、精氨酸及胱氨酸含量较低；含有丰富的 B 族维生素。

【注意】

酵母有苦味，适口性较差，在牛的日粮中用量占比为 2%~5%，一般不超过 5%。

6. 矿物质饲料

矿物质是一类无机营养物质，存在于动物体内的各组织中，广泛参与动物体内各种代谢过程。除碳、氢、氧和氮 4 种元素主要以有机化合物形式存在外，其余各种元素无论含量多少，统称为矿物质或矿物质元素。生产中必须给牛补充矿物质，以达到日粮中的矿物质平衡。

（1）食盐　食盐的成分是氯化钠，是牛饲料中钠和氯的主要来源。精制食盐的氯化钠含量在 99% 以上，粗盐的氯化钠含量为 95%，加碘盐的碘含量为 0.007%。纯净的食盐中钠含量为 39%、氯含量为 60%，还有少量的钙、镁和硫。食用盐为白色细粒，工业用盐为粗粒结晶。

植物性饲料中食盐含量很少，动物性饲料中食盐含量比较高，一些食品加工副产品（如甜菜渣、酱渣等）中的食盐含量也较多，用这些饲料配合日粮时，要考虑它们的食盐含量。饲用食盐的粒度应全部通过 30目筛，含水量不得超过 0.5%。饲喂量一般占日粮干物质的 0.3%，不宜过多，否则引起中毒。

【注意】

饲喂青贮饲料所需的食盐量比喂干草所需的食盐量多，饲喂高粗型日粮所需的食盐量比高精型日粮所需的食盐量多。

（2）含钙饲料　钙是动物体内最重要的矿物质之一。牛对不同来源的钙利用率也不同。一般饲料中钙的利用率随牛的生长而变低，但牛在泌乳和妊娠期间对钙的利用率则提高。微量元素预混料通常使用石粉或贝壳粉作为稀释剂或载体，配料时应将其钙含量计算在内。

钙源饲料用量不能过大，否则会影响钙磷平衡，使钙和磷的消化、吸收、代谢都受到影响。常见的含钙饲料有碳酸钙（石粉）、贝壳粉、硫酸钙和蛋壳粉等。

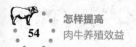

（3）含磷饲料　常见的含磷饲料有磷酸钙类（磷酸钙、磷酸氢钙、磷酸二氢钙）、磷酸钠类（磷酸一钠、磷酸二钠）、磷矿石粉和液体磷酸等。

（4）天然矿物质饲料　常见的天然矿物质饲料见表2-2。

表2-2　天然矿物质饲料

膨润土（膨润土钠）	膨润土是一种天然矿产，呈灰色或灰褐色的细粉末状。所含元素至少有11种以上，产地和来源不同，其成分也有差异。所含元素大都是牛生长发育必需的常量和微量元素，能使酶和激素的活性或免疫反应发生显著变化，对牛的生长和生产有明显的生物学价值。在饲料工业中，它主要有三大功能：一是作为饲料添加成分，以提高饲料效率；二是代替糖浆等，作为颗粒饲料的熟结剂；三是代替粮食，作为各种微量成分的载体，起稀释作用，如稀释各种添加剂和尿素
沸石	天然沸石大多是由盐湖沉积和火山灰烬形成的，主要成分是硅酸盐铝矾土及钠、钾、钙、镁等离子，呈白色或灰白色的块状，粉碎后为细四面体颗粒（具有独特的多孔蜂窝状结构）。沸石可以吸收和吸附一些有害元素和气体，故有除臭作用；具有很高的活性和抗毒性，可调整牛瘤胃的酸碱性，对肝脏、肾脏功能有良好的促进作用；具有较好的催化性、耐酸性、热稳定性。在生产实践中，沸石可以作为天然矿物质添加剂用于牛的日粮中，在精料料中的用量按5%添加。沸石也可作为添加剂的载体，用于制作微量元素预混料或其他预混料
麦饭石	麦饭石的主要成分是硅酸盐，富含牛生长发育所必需的多种微量元素和稀土元素，如硅、钙、铝、钾、镁、铁、钠、锰、磷等，有害成分含量少，是一种优良的天然矿物质营养饲料。麦饭石具有一定的生理功能和药物作用，能增加动物肝脏中DNA和RNA的含量，使蛋白质合成增多；可以提高抗疲劳和抗缺氧的能力，增加血清中的抗体，具有刺激机体免疫能力的作用。此外，麦饭石还具有吸附性和吸气、吸水性能。因能吸收肠道内的有害气体，故能改善消化，促进生长，还可防止饲料在储藏过程中受潮结块。麦饭石可作为添加剂载体使用。每天在牛的日粮中添加150~250克，可起到明显的增重效果

（续）

海泡石	海泡石是一种海泡沫色的纤维状天然黏土矿物质，呈灰白色，有滑感，无毒、无臭，具有特殊的层链状晶体结构和稳定性、抗盐性及脱色吸附性，有除毒、去臭、去污的能力。可以作为添加剂加入到牛的日粮中，在精饲料中的用量按1%~3%添加。也可作为其他添加剂的载体或稀释剂
稀土	稀土由15种镧系元素和钪、钇共17种元素组成。稀土可激活具有吞噬能力的异嗜性细胞，故可增强机体免疫力，提高牛的成活率；有益于增重及改善饲料效率，并且与微量元素有协同作用。稀土在饲料中的用量很小

7. 维生素饲料

维生素饲料包括工业合成或由原料提纯精制的各种单一维生素或混合维生素。成年牛瘤胃微生物能合成 B 族维生素和维生素 K，肝脏、肾脏可合成维生素 C。因此，除犊牛外，一般的牛不需额外添加，哺乳犊牛应补给维生素 B_2。但当青饲料不足时，应考虑添加维生素 A、维生素 D 和维生素 E。可根据不同阶段牛对维生素的营养需要，适当使用维生素预混料。

8. 饲料添加剂

添加剂在配合饲料中所占比例很小，但其作用是多方面的。对动物所起的作用有：抑制消化道有害微生物繁殖，促进饲料营养消化、吸收、抗病、保健、驱虫，改变代谢类型、定向调控营养，促进动物生长和营养物质沉积，减少动物兴奋、减少饲料消耗及改进产品色泽，提高商品等级等。在饲料环境方面起的作用有：疏水、防霉、防腐、抗氧化、黏结、赋予一定形状、防静电、增加香味、改变色泽、除臭和防尘等。饲料添加剂有营养性添加剂（维生素添加剂、微量元素添加剂、氨基酸添加剂和尿素）和非营养性添加剂（抗生素、助长剂、保护剂、防霉剂、着色剂和调味剂等）。

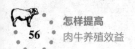

【提示】

尿素不宜单喂，应与淀粉多的精饲料搭配使用，也可调制成尿素溶液喷洒或浸泡粗饲料，或调制成尿素青贮饲料，或制成尿素颗粒料、尿素精料砖等。

二、合理配制饲粮

1. 日粮配方的设计方法

常用的日粮配方设计方法有电脑配方设计法和手工计算法。手工设计包括试差法和对角线法。

【例1】设计体重350千克、预期日增重1.2千克的舍饲生长育肥牛日粮配方。

第一步：查肉牛饲养标准。见表2-3。

表2-3　体重350千克、预期日增重1.2千克的
舍饲生长育肥牛营养需要量

干物质/千克	肉牛能量单位	粗蛋白质/克	钙/克	磷/克
8.41	6.47	889	38	20

第二步：查出所选饲料的营养含量。见表2-4。

表2-4　饲料营养含量（干物质）

饲料名称	干物质/千克	肉牛能量单位	粗蛋白质（%）	钙（%）	磷（%）
青贮玉米	22.7	0.54	7.0	0.44	0.26
玉米	88.4	1.13	9.7	0.09	0.24
麸皮	88.6	0.82	16.3	0.20	0.88
棉饼	89.6	0.92	36.3	0.30	0.90
碳酸氢钙				23.00	16.00
石粉				38.00	

第三步：确定精、粗饲料用量及比例。确定日粮中精饲料占 50%，粗饲料占 50%。由肉牛的营养需要可知每天每头牛需 8.41 千克干物质，所以每天每头牛由粗饲料（青贮玉米）供给的干物质质量应为 8.41 千克×50%＝4.2 千克，首先求出青贮玉米所提供的养分量和尚缺的养分量（表 2-5）。

表 2-5　粗饲料提供的养分量

项目	干物质/千克	肉牛能量单位	粗蛋白质/克	钙/克	磷/克
需要量	8.41	6.47	889	38	20
4.2 千克青贮玉米干物质提供	4.2	2.27	294	18.48	10.92
尚缺量	4.21	4.20	595	19.52	9.08

第四步：求出各种精饲料和拟配合料粗蛋白质/肉牛能量单位比。

玉米：97/1.13＝85.84

麸皮：163/0.82＝198.78

棉饼：363/0.92＝394.57

拟配合精饲料混合料：595/4.2＝141.67

第五步：用对角线法算出各种精饲料的用量。

1）先将各精饲料按蛋白能量比分为两类，一类高于拟配混合料，一类低于拟配混合料，然后一高一低两两搭配成组。本例蛋白能量比高于 141.67 的有麸皮和棉饼，低于 141.67 的有玉米。因此，玉米既要和麸皮搭配，又要和棉饼搭配，每组画一个正方形。将 3 种精饲料的蛋白能量比置于正方形的左侧，拟配混合料的蛋白能量比放在中间，在两条对角线上做减法，大数减小数，得数是该饲料在混合料中应占有的能量比例数。

2）本例要求混合精饲料中肉牛能量单位是 4.20，所以应将上述比例算成总能量 4.20 时的比例，即将各饲料原来的比例数分别除以各饲料比例数之和，再乘以 4.20，然后将所得数据分别被各原料每千克所含的肉牛能量单位除，就得到这三种饲料的用量了。

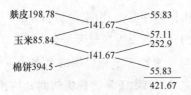

则： 玉米： 310.01 千克 $\times \dfrac{4.20}{421.67} \div 1.13 = 2.73$ 千克

麸皮： 55.83 千克 $\times \dfrac{4.20}{421.67} \div 0.82 = 0.68$ 千克

棉饼： 55.83 千克 $\times \dfrac{4.20}{421.67} \div 0.92 = 0.60$ 千克

第六步：验证精饲料混合料养分含量。见表2-6。

表2-6 精饲料混合料养分含量

饲料名称	精饲料量/千克	干物质/千克	肉牛能量单位	粗蛋白质/克	钙/克	磷/克
玉米	2.73	2.41	3.08	264.81	2.46	6.55
麸皮	0.68	0.60	0.56	110.84	1.36	5.98
棉饼	0.60	0.54	0.55	217.80	1.80	5.40
合计	4.01	3.55	4.19	593.45	5.62	17.93
差		-0.66	-0.01	-1.55	-13.90	+8.85

由表2-6可以看出，精饲料混合料中肉牛能量单位和粗蛋白质含量与要求基本一致，干物质含量尚差0.66千克，可以适当增加青贮玉米的喂量。钙、磷的余缺可以使用矿物质调整。本例中磷已经满足需要，不必考虑补充，只需要用石粉补钙即可。石粉用量：13.9克/0.38 = 36.58克。混合料中另加1%的食盐，约合0.04千克。

第七步：列出日粮配方与精饲料混合料的百分比组成。见表2-7。

表2-7 育肥牛的日粮配方

饲料原料	干物质含量/千克	饲喂量/千克	精饲料组成（%）
青贮玉米	4.2	18.5	
玉米	2.73	3.09	67.07
麸皮	0.68	0.77	16.71
棉饼	0.60	0.67	14.54

（续）

饲料原料	干物质含量/千克	饲喂量/千克	精饲料组成（%）
石粉	0.037	0.037	0.81
食盐	0.04	0.04	0.87

注：在实际生产中，青贮玉米的喂量应增加10%的安全系数，即每天饲喂20.35千克/头。混合精饲料每天饲喂4.6千克。

2. 日粮配方举例

（1）犊牛持续育肥日粮配方

1）精饲料补充料配方。具体配方：玉米40%，棉籽饼30%，麸皮20%，鱼粉4%，磷酸氢钙2%，食盐0.6%，微量元素维生素复合预混料0.4%，沸石3%。6月龄后按1千克混合精饲料添加15克尿素。

2）不同阶段饲料喂量见表2-8。

表2-8　不同阶段饲料喂量

月龄/月	体重/千克	青干草/[千克/(天·头)]	青贮饲料/[千克/(天·头)]	精饲料补充料/[千克/(天·头)]
3~6	70~166	1.5	1.8	2.0
7~12	167~328	3.0	3.0	3.0
13~16	329~427	4.0	8.0	4.0

（2）强度育肥1岁左右出栏日粮配方

选择良种牛或其改良牛，在犊牛阶段采取较合理的饲养，使日增重达0.8~0.9千克。180日龄体重超过200千克后，按日增重大于1.2千克配制日粮；12月龄体重达450千克左右，上等膘时出栏（表2-9和表2-10）。

表2-9　强度育肥1岁左右出栏日粮配方

日龄/天	0~30	31~60	61~90	91~120	121~180	181~240	241~300	301~360
始重/千克	30~50	62~66	88~91	110~114	136~139	209~221	287~299	365~377
日增重/千克	0.8	0.7~0.8	0.7~0.8	0.8~0.9	0.8~0.9	1.2~1.4	1.2~1.4	1.2~1.4
全乳喂量/千克	6~7	8	7	4	0	0	0	0
精饲料补充料喂量/千克	自由	自由	自由	1.2~13	1.8~2.5	3~3.5	4~5	5.6~6.5

表 2-10　强度育肥 1 岁左右出栏日粮配方中精饲料补充料配方

	10 周龄前	10 周龄至 180 日龄	181~360 日龄
玉米（%）	60	60	67
高粱（%）	10	10	10
饼粕类（%）	15	24	20
鱼粉（%）	3	0	0
动物性油脂（%）	10	3	0
磷酸氢钙（%）	1.5	1.5	1
食盐（%）	0.5	1	1
小苏打（%）	0	0.5	1
土霉素（毫克/千克，另加）	22	0	0
维生素 A（万单位/千克，另加）	干草期加 1~2	干草期加 0.5~1	干草期加 0.5

（3）不同粗饲料类型日粮配方

1）青贮玉米秸类型日粮。适用于玉米种植密集、有较好青贮基础的地区。使用如下配方，青贮玉米秸日喂量 15 千克。精饲料配方见表 2-11。

表 2-11　青贮玉米秸类型日粮系列配方

体重阶段/千克		300~350		350~400		400~450		450~500	
		配方 1	配方 2	配方 1	配方 2	配方 1	配方 2	配方 1	配方 2
精饲料配比（%）	玉米	71.8	77.7	80.7	76.8	77.6	76.7	84.5	87.6
	麸皮	3.3	2.4	3.3	4.0	0.7	5.8	0	0
	棉粕	21.0	16.3	12.0	15.6	18.0	14.2	11.6	8.2
	尿素	1.4	1.3	1.7	1.4	1.7	1.5	1.9	2.2
	食盐	1.5	1.5	1.5	1.5	1.2	1.0	1.2	1.2
	石粉	1.0	0.8	0.7	0.7	0.8	0.8	0.8	0.8
日喂料量/千克		5.2	7.2	7.0	6.1	5.6	7.8	8.0	8.0
营养水平	肉牛能量单位/（个/头）	6.7	8.5	8.4	7.2	7.0	9.2	8.8	10.2
	粗蛋白质/克	747.8	936.6	756.7	713.5	782.6	981.76	776.4	818.6
	钙/克	39	43	42	36	37	46	45	51
	磷/克	21	36	23	22	21	22	25	27

2）青贮和谷草类型日粮配方及喂量见表 2-12。

表 2-12　青贮和谷草类型日粮配方及喂量

月龄/月	精饲料配方（%）							采食量/[千克/（天·头）]		
	玉米	麸皮	豆粕	棉粕	石粉	食盐	碳酸氢钠	精饲料	青贮玉米秸	谷草
7~8	32.5	24	7	33	1.5	1	1	2.2	6	1.5
9~10								2.8	8	1.5
11~12	52	14	5	26.5	1	1	1	3.3	10	1.8
13~14								3.6	12	2
15~16	67	4	0	26.5	0.5	1	1	4.1	14	2
17~18								5.5	14	2

　　3）酒糟类型日粮。酒糟作为酿酒的副产品，经与干粗饲料、精饲料及预混合料合理搭配，实现了酒糟的合理利用（表 2-13）。

表 2-13　酒糟类型日粮配方

体重阶段/千克		300~350		350~400		400~450		450~500	
		配方 1	配方 2	配方 1	配方 2	配方 1	配方 2	配方 1	配方 2
精饲料配比（%）	玉米	58.9	69.4	64.9	75.1	73.1	80.8	80.0	85.2
	麸皮	20.3	14.3	16.6	11.1	12.1	7.8	6.6	5.0
	棉粕	17.7	12.7	14.9	9.7	11.0	7.0	7.6	4.5
	尿素	0.4	1.0	1.1	1.6	1.5	2.1	2.4	2.3
	食盐	1.5	1.5	1.5	1.5	1.5	1.5	1.9	1.5
	石粉	1.2	1.1	1.0	1.0	0.8	0.8	0.5	1.5
采食量/[千克/（天·头）]	精饲料	4.1	6.8	4.6	7.6	5.2	7.5	5.8	8.2
	酒糟	11.8	10.4	12.1	11.3	14.0	12.0	15.3	13.1
	玉米秸	1.5	1.3	1.9	1.7	2.0	1.8	2.2	1.8
营养水平	肉牛能量单位/（个/头）	7.4	9.4	9.4	11.8	10.7	12.3	11.9	13.2
	粗蛋白质/克	787.8	919.4	1016.4	1272.5	1155.7	1306.6	1270.2	1385.6
	钙/克	46	54	47	57	48	52	49	51
	磷/克	30	37	32	37	34	37	37	39

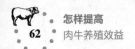

4) 干玉米秸日粮见表2-14。

表 2-14　干玉米秸日粮配方

<table>
<tr><td rowspan="2">体重阶段/千克</td><td colspan="2">300～350</td><td colspan="2">350～400</td><td colspan="2">400～450</td><td colspan="2">450～500</td></tr>
<tr><td>配方1</td><td>配方2</td><td>配方1</td><td>配方2</td><td>配方1</td><td>配方2</td><td>配方1</td><td>配方2</td></tr>
<tr><td rowspan="6">精饲料配比（%）</td><td>玉米</td><td>66.2</td><td>69.6</td><td>70.5</td><td>72.0</td><td>72.7</td><td>74.0</td><td>78.3</td><td>79.1</td></tr>
<tr><td>麸皮</td><td>2.5</td><td>1.4</td><td>1.9</td><td>4.8</td><td>6.6</td><td>6.6</td><td>1.6</td><td>2.0</td></tr>
<tr><td>棉粕</td><td>27.9</td><td>25.4</td><td>24.1</td><td>19.5</td><td>16.8</td><td>15.8</td><td>16.3</td><td>15.0</td></tr>
<tr><td>尿素</td><td>0.9</td><td>1.0</td><td>1.2</td><td>1.3</td><td>1.4</td><td>1.5</td><td>1.8</td><td>1.9</td></tr>
<tr><td>食盐</td><td>1.5</td><td>1.5</td><td>1.5</td><td>1.5</td><td>1.5</td><td>1.5</td><td>1.5</td><td>1.5</td></tr>
<tr><td>石粉</td><td>1.0</td><td>1.1</td><td>0.8</td><td>0.9</td><td>1.0</td><td>0.6</td><td>0.5</td><td>0.5</td></tr>
<tr><td rowspan="3">采食量/[千克/（天·头）]</td><td>精饲料</td><td>4.8</td><td>5.6</td><td>5.4</td><td>6.1</td><td>6.0</td><td>6.3</td><td>6.7</td><td>7.0</td></tr>
<tr><td>酒糟</td><td>3.6</td><td>3.0</td><td>4.0</td><td>3.0</td><td>4.2</td><td>4.5</td><td>4.6</td><td>4.7</td></tr>
<tr><td>玉米秸</td><td>0.5</td><td>0.2</td><td>0.3</td><td>1.0</td><td>1.1</td><td>1.2</td><td>0.3</td><td>0.5</td></tr>
<tr><td rowspan="4">营养水平</td><td>肉牛能量单位/（个/头）</td><td>6.1</td><td>6.4</td><td>6.8</td><td>7.2</td><td>7.6</td><td>8.0</td><td>8.4</td><td>8.8</td></tr>
<tr><td>粗蛋白质/克</td><td>660</td><td>684</td><td>691</td><td>713</td><td>722</td><td>744</td><td>754</td><td>776</td></tr>
<tr><td>钙/克</td><td>38</td><td>40</td><td>38</td><td>40</td><td>37</td><td>39</td><td>36</td><td>38</td></tr>
<tr><td>磷/克</td><td>27</td><td>27</td><td>28</td><td>29</td><td>31</td><td>32</td><td>32</td><td>32</td></tr>
</table>

（4）架子牛舍饲育肥日粮配方

1) 氨化稻草类型日粮配方见表2-15。

表 2-15　架子牛舍饲育肥氨化稻草类型日粮配方

[单位：千克/（天·头）]

阶段	玉米面	豆饼	骨粉	矿物微量元素	食盐	碳酸氢钠	氨化稻草
前期	2.5	0.25	0.060	0.030	0.050	0.050	20
中期	4.0	1.00	0.070	0.030	0.050	0.050	17
后期	5.0	1.50	0.070	0.035	0.050	0.050	15

2) 酒糟+青贮玉米秸日粮配方。饲喂效果是使架子牛日增重1千克以

上。精饲料配方：玉米93%、棉粕2.87%、尿素1.2%、石粉1.2%、食盐1.8%、添加剂（育肥灵）另加。不同体重阶段精、粗饲料用量见表2-16。

表2-16　不同体重阶段精、粗饲料用量

体重/千克	250~350	350~450	450~550	550~650
精饲料/千克	2~3	3~4	4~5	5~6
酒糟/千克	10~12	12~14	14~16	16~18
青贮玉米秸/千克	10~12	12~14	14~16	16~18

三、做好饲料的加工调制

1. 精饲料的加工调制

精饲料加工调制的主要目的是便于牛咀嚼和反刍，提高养分的利用率，同时为合理和均匀搭配饲料提供方便。

（1）**粉碎与压扁**　精饲料最常用的加工方法是粉碎，可以为合理和均匀地搭配饲料提供方便，但用于肉牛的日粮不宜过细。粗粉与细粉相比，粗粉可提高适口性，提高牛唾液分泌量，增加反刍，一般筛孔的孔径为3~6毫米。将谷物用蒸汽加热到120℃左右，再用压扁机压成厚度为1毫米的薄片，迅速干燥。由于压扁饲料中的淀粉经加热糊化，给牛饲喂时消化率明显提高。

（2）**浸泡**　豆类、油饼类、谷物等饲料相当坚硬，经浸泡后吸收水分，膨胀柔软，容易咀嚼，便于消化。浸泡方法：在池子或缸等容器中将饲料和水拌匀，一般料水比为1：（1~1.5），即手握饲料指缝渗出水滴为准，不需要任何温度条件。有些饲料中含有单宁、棉酚等有毒物质，并带有异味，经过浸泡后，毒素、异味均可减轻，从而提高适口性。

☞【注意】

浸泡的时间应根据季节和饲料种类而定，以免引起饲料变质。

（3）**肉牛饲料的过瘤胃保护**　强度育肥的肉牛补充过瘤胃保护蛋白质、过瘤胃淀粉和脂肪能提高生产性能。

1）热处理。通过加热可降低饲料蛋白质的降解率，但过度加热也

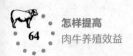

会降低蛋白质的消化率，引起一些氨基酸、维生素的损失，所以应加热适度。一般认为，140℃左右烘焙4小时，或130~145℃火烤2分钟，或3420.5×10³帕压力和121℃处理饲料45~60分钟较宜。有研究表明，加热以150℃、45分钟最好。膨化技术用于全脂大豆的处理，取得了理想效果。李建国等用YG-Q型多功能糊化机进行豆粕糊处理，使蛋白质瘤胃降解率显著下降，该方法简单易行。

2）化学处理。

① 甲醛处理。甲醛可与蛋白质分子的氨基、羟基、硫氢基发生基化反应而使其变性，免于瘤胃微生物降解。处理方法：饼粕经孔径为2.5毫米的筛孔粉碎，然后按每100克粗蛋白质搭配0.6~0.7克甲醛溶液（36%），用水稀释20倍后，以喷雾的方式与饼粕混合均匀，将其用塑料薄膜封闭24小时后打开薄膜，自然风干。

② 锌处理。锌盐可沉淀部分蛋白质，从而降低饲料蛋白质菌胃降解。处理方法：将硫酸锌溶解在水里，豆粕、水、硫酸锌的比例为1：2：0.03，拌匀后放置2~3小时，在50~60℃的条件下烘干。

③ 鞣酸处理。用1%的鞣酸均匀地喷洒在蛋白质饲料上，待混合后烘干。

④ 过瘤胃保护脂肪。许多研究表明，直接添加脂肪对反刍动物效果不好，脂肪在瘤胃中干扰微生物的活动，降低纤维消化率，影响生产性能的提高。所以，将添加的脂肪通过某种方法保护起来，形成过瘤胃保护脂肪。最常见的是脂肪酸钙产品。

2. 秸秆饲料的加工调制

（1）粉碎、铡短处理 秸秆经粉碎、铡短处理后，体积变小，便于牛采食和咀嚼，增加与瘤胃微生物的接触面，可提高过瘤胃的速度，增加采食量。由于粉碎、铡短后的秸秆在瘤胃中停留时间缩短，养分来不及充分降解发酵，便进入了真胃和小肠。所以，消化率并不能得到改进。

将秸秆粉碎和铡短后，肉牛的采食量可增长20%~30%，消化吸收的总养分增加，不仅可减少秸秆的浪费，而且可提高日增重20%左右；尤其在低精饲料饲养条件下，饲喂肉牛的效果更有明显改进。实践证明，饲喂未铡短的秸秆，肉牛只能采食70%~80%，而铡碎的秸秆几乎可以全部利用。用于肉牛的秸秆饲料不提倡全部粉碎。一方面，粉碎会增加饲养成本；另一方面，粗饲粉过细不利于肉牛的咀嚼和反刍。粉碎多用于精饲料加工，在肉牛的日粮中适当混入一些秸秆粉，可以提高其采食量。铡短是秸秆处理中常用的方法，但过长、过细都不好。一般在肉牛生产中，依据肉牛的年龄情况，铡短后的秸秆以 2~4 厘米为好。

（2）**热喷与膨化处理**　热喷和膨化秸秆能提高秸秆的消化利用率，但成本较高。

1）热喷。热喷是近年来采用的一项新技术，主要设备为压力罐，其工艺是将秸秆送入压力罐内，通入饱和蒸汽，在一定压力下维持一段时间，然后突然降压喷爆。由于受热效应和机械效应的作用，秸秆被撕成乱麻状，秸秆结构重新分布，从而对粗纤维有降解作用。经热喷处理的鲜玉米秸，粗纤维含量由 30.5% 下降到 0.14%；经热喷处理的干玉米秸，粗纤维含量由 33.4% 下降到 27.5%。另外，将尿素、磷酸铵等工业氮源添加到各种秸秆上进行热喷处理，可使麦秸的消化率达 75.12%、玉米秸的消化率达 88.02%、稻草的消化率达 64.42%。每千克热喷秸秆的营养价值相当于 0.6~0.7 千克玉米的营养价值。

2）膨化。膨化需要专门的膨化机，其工艺是将含有一定量水分的秸秆放入密闭的膨化设备中，经过高温（200~300℃）、高压（1.5 兆帕以上）处理一定时间（5~20 秒）后迅速降压，秸秆膨胀，因组织遭到破坏而变得松软。原来紧紧包在纤维素外的木质素全部被撕裂，而变得易于消化。

（3）**揉搓处理**　揉搓处理秸秆比铡短处理秸秆又进了一步。揉搓机正在逐步取代铡草机，如果能和秸秆的化学、生物处理相结合，效果会更好。

【提示】

　　经揉搓的玉米秸呈柔软的丝条状，适口性增强，肉牛的吃净率由秸秆全株的 70% 提高到 90% 以上。揉碎的玉米秸可代替肉牛日粮中的干草，铡短的玉米秸更是一种价廉的、适口性好的肉牛粗饲料。

（4）**制粒与压块处理**

1）制粒。制粒是为了便于肉牛机械化饲养和自动饲槽的应用。颗

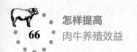

粒料质地硬脆、大小适中、便于咀嚼，可改善适口性，从而提高采食量和生产性能，减少了秸秆的浪费。在国外，秸秆经粉碎后制粒是很普遍的。在我国，随着秸秆饲料颗粒化成套设备相继问世，颗粒饲料已开始在肉牛生产中应用。肉牛的颗粒料以直径 6~8 毫米为宜。

2）压块。秸秆压块能最大限度地保存秸秆的营养成分，减少养分流失。经压块处理后的秸秆密度提高、体积缩小，便于储存和运输，运输成本降低 70%；给饲方便，便于机械化操作。秸秆经高温高压挤压后，秸秆的纤维结构遭到破坏，粗纤维的消化率提高 25%。在制块的同时可以添加复合化学处理剂，如尿素、石灰、膨润土等，可使粗蛋白质含量提高到 8%~12%、秸秆消化率提高到 60%。

（5）**秸秆碾青** 秸秆碾青是将干秸秆铺在打谷场上，秸秆厚约 0.33 米，上面再铺厚约 0.33 米的青牧草，牧草上面铺相同厚度的秸秆，然后用碌碡碾压，流出的牧草汁被干秸秆吸收。这样，被压扁的牧草可在短时间内晒制成干草，并且茎叶干燥速度一致，叶片脱落损失减少，而秸秆的适口性和营养价值提高，可谓一举两得。

（6）**氨化处理** 秸秆中含氮量低，秸秆氨化处理时与氨相遇，其有机物就与氨发生氨解反应，破坏木质素-半纤维素-纤维素的复合结构，使纤维素与半纤维素被解放出来，被微生物及酶分解利用。氨是一种弱碱，氨化处理可使木质化纤维膨胀，增大空隙度，提高渗透性。氨化能使秸秆含氮量增加 1~1.5 倍，肉牛对秸秆的采食量和消化率有较大提高。

1）材料选择。将清洁未霉变的麦秸、玉米秸、稻草等铡成长 2~3 厘米。市售通用液氨由氨瓶或氨罐装运。市售工业氨水应无毒、无杂质，含氨量为 15%~17%，用密闭容器（如胶皮口袋、塑料桶、陶瓷罐等）装运。或将出售的含氨量为 46% 的农用尿素用塑料袋密封包装。

2）处理方法。氨化处理方法有多种，其中，使用液氨的堆贮法适于大批量生产，使用氨水和尿素的窖贮法适于中、小规模生产，使用尿素的小垛法、缸贮法、袋贮法适合农户少量制作。近年还出现了加热氨化池氨化法、氨化炉等（表 2-17）。

表2-17　氨化处理方法

方法	操作方式
堆贮法	① 物料及工具。两块厚透明聚乙烯塑料薄膜(10 米×10 米、6 米×6 米各一块)；秸秆2200~2500 千克；输氨管、铁锨、铁丝、钳子、口罩、风镜和手套等 ② 堆垛。选择向阳、高燥、平坦，不受人、畜危害的地方。将塑料薄膜铺在地面上，在上面垛秸秆。草垛底面积以5 米×5 米为宜，高度接近2.5 米 ③ 调整原料含水量。秸秆原料含水量要求20%~40%，一般干秸秆含水量仅10%~13%，故需边码垛边均匀地洒水，使秸秆含水量达到30%左右 ④ 放置输氨管。草码到0.5 米高处，在垛上面分别平放直径为10 毫米、长4 米的硬质塑料管2 根。在塑料管前端2/3 长的部位钻若干个直径为2~3 毫米的小孔，以便充氨。后端露出草垛外面长约0.5 米。通过胶管接上氨瓶，用铁丝缠紧 ⑤ 封垛。堆完草垛后，用10 米×10 米的塑料薄膜盖严，四周留下宽的余头。在垛底部用一根长棍将四周余下的塑料薄膜上下合在一起并卷紧，用石头或土压住，但输氨管要外露 ⑥ 充氨。按秸秆重量3%的比例向垛内缓慢输入液氨。待输氨结束后，抽出塑料管，立即将余孔堵严 ⑦ 草垛管理。注氨密封处理后，经常检查塑料薄膜，发现破孔立即用塑料粘结剂粘补 除以上方法外，在我国北方寒冷的冬季可采用土办法建加热氨化池，规模化养殖场可使用氨化炉
窖贮法	① 建窖。用长方形、正方形、圆形的土窖或水泥窖均可，也可用上宽下窄的梯形窖，深不超过2 米，四壁光滑，底微凹(蓄积氨水)。下面以长5 米、宽5 米、深1 米的正方形土窖为例进行介绍 ② 装窖。土窖内先铺一块厚0.08~0.2 毫米的8.5 米×8.5 米的塑料薄膜。将含水量为10%~13%的铡短秸秆填入窖中。装满后覆盖6 米×6 米的塑料薄膜，留出上风头一面的注氨口，其余三面每两块塑料薄膜压角部分(约0.7 米)卷成筒状，压土封严 ③ 氨水用量。若氨水含氨量为15%，每100 千克秸秆需氨水量为3 千克÷(15%×1.21) ≈16.5 千克 ④ 注氨水。准备好注氨管或桶，操作人员佩戴防氨口罩，站在上风头，将注氨管插入秸秆中，打开开关，将氨水注入，也可用桶喷洒。氨水注完后抽出氨管并封严。使用尿素处理(配比见小垛法)，要逐层喷洒、压实

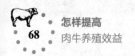
（续）

方法	操作方式
小垛法	在家庭院内向阳处地面上，铺 2.6 米^2 塑料薄膜，将 3~4 千克尿素溶解在水中，将尿素溶液均匀喷洒在 100 千克秸秆上，堆好并踏实后用 13 米^2 塑料布盖好、封严。小垛氨化以 100 千克一垛为宜，占地少，易管理。塑料薄膜可连续使用，投资少，简便易行

3）氨化时间。密封时间应根据气温和感观来确定。根据气温确定氨化时间，并结合秸秆颜色的变化，待秸秆变为褐黄色即可。环境温度为 30℃以上，需要 7 天；环境温度为 15~30℃，需要 7~28 天；环境温度 5~15℃，需要 28~56 天；环境温度为 5℃以下，需要 56 天以上。

4）开封放氨。一般经过 2~5 天自然通风，可将氨味全部放掉。当氨化的秸秆呈烟香味时才能饲喂。如暂时不喂，可不必开封放氨。

5）饲喂。开始喂时，应遵循由少到多、少给勤添的原则。先与谷草、青干草等搭配饲喂，1 周后即可全部喂氨化秸秆。还要合理搭配精饲料（玉米、麦麸、糟渣、饼类）。

6）氨化品质鉴定。好的氨化秸秆的颜色呈棕色或深黄色，发亮，气味烟香；若质地柔软疏松、发白，甚至发黑、发黏、结块，有腐臭味，开垛后温度继续升高，表明秸秆霉坏，不可饲喂。

（7）"三化"复合处理　秸秆"三化"复合处理技术发挥了氨化、碱化、盐化的综合作用，弥补了氨化成本过高、碱化不易久储、盐化效果欠佳等单一处理方式的缺陷。"三化"处理后，各类纤维含量都有不同程度的降低，干物质瘤胃降解率提高，肉牛日增重提高，处理成本降低。

此方法适合窖贮（土窖、水泥窖均可），也可用小垛法、塑料袋或水缸。将尿素、生石灰粉、食盐按比例放入水中，充分搅拌溶解，使之成为混浊液。处理液的配制见表 2-18。其余操作见氨化处理。

表 2-18 处理液的配制

秸秆种类	秸秆量/千克	尿素用量/千克	生石灰用量/千克	食盐用量/千克	水用量/千克	储料含水量(%)
干麦秸	100	2	3	1	45~55	35~40
干稻草	100	2	3	1	45~55	35~40
干玉米秸	100	2	3	1	40~50	35~40

（8）**秸秆微贮** 秸秆微贮饲料就是在农作物秸秆中加入微生物高效活性菌种——秸秆发酵活干菌，放入密封的容器（如水泥窖、土窖）中贮藏。经过一定时间的发酵，使农作物变成具有酸香味、肉牛喜食的饲料。

1）窖的建造。微贮所用的窖和青贮窖相似，也可选用青贮窖。

2）秸秆的准备。应选择无霉变的新鲜秸秆，将麦秸铡短为 25 厘米、玉米秸铡短为 1 厘米左右或粉碎（孔径为 2 厘米的筛片）。

3）复活菌种并配制菌液。根据当天预计处理秸秆的重量，计算所需菌剂的数量并进行配制。

① 菌种的复活。每袋秸秆发酵活干菌为 3 克，可处理麦秸、稻秸、玉米干秸秆或青料 2000 千克。在处理秸秆前，先将袋子剪开，将菌剂倒入 2 千克水中，充分溶解。然后在常温下放置 1~2 小时，使菌种复活，复活好的菌剂一定要当天用完。

【注意】

可在 2 千克水中加入 20 克白糖，充分溶解后，再加入活干菌，这样可以提高菌种的复活率，保证微贮饲料的质量。

② 菌液的配制。将复活好的菌剂倒入充分溶解的 0.8%~1% 的食盐水中拌匀，食盐水及菌液量的计算方法见表 2-19。菌液加入盐水后要混合均匀，使其浓度一致，即可喷洒。

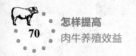

表2-19　菌液的配制

秸秆种类	秸秆 量/千克	活干菌 用量/克	食盐 用量/千克	自来水 用量/升	储料 含水量(%)
干麦秸	1000	3.0	9~12	1200~1400	60~70
干稻草	1000	3.0	36~8	800~1000	60~70
干玉米秸	1000	1.5	3	适量	60~70

4）装窖。如果使用土窖，应先在窖底和四周铺上一层塑料薄膜，在窖底铺放厚度为20厘米的秸秆，均匀喷洒菌液，待压实后再铺厚度为20厘米的秸秆，喷洒菌液后压实。若使用大型窖，要采用机械化作业，用拖拉机压实，用潜水泵喷洒菌液。潜水泵的扬程为20~50米，流量以每分钟30~50升为宜。在操作中要随时检查贮料的含水量是否合适，层与层之间不要出现夹层。检查方法：取秸秆，用力握攥，指缝间有水但不滴下，含水量为60%~70%最为理想。否则为水分过高或过低。

5）加入精饲料辅料。在微贮麦秸和稻草时，加入0.3%左右的玉米粉、麸皮或大麦粉，以利于发酵初期菌种生长，提高微贮秸秆的质量。加精饲料辅料时，应铺一层秸秆，撒一层精饲料辅料，再喷洒菌液。

6）封窖。秸秆分层压实直到高出窖口100~150厘米，再充分压实后，在最上面一层均匀地撒上食盐，压实后盖上塑料薄膜。食盐的用量为每平方米250克，其目的是确保微贮饲料上部不发生霉烂变质。盖上塑料薄膜后，在上面撒上厚度为20~30厘米的稻草、麦秸，覆土20厘米以上，密封微贮窖。密封的目的是隔绝空气，保证微贮窖内呈厌氧状态。在窖边挖排水沟，防止雨水积聚。当窖内贮料下沉后，应随时加土，使之高出地面。

7）秸秆微贮饲料的质量鉴定。可根据微贮饲料的外部特征，用看、嗅和手感的方法鉴定微贮饲料的好坏。一是看颜色。优质的微贮青玉米秸秆饲料的色泽呈橄榄绿色，稻、麦秸秆呈金黄褐色。如果变成褐色或墨绿色则质量较差。二是闻气味。优质的秸秆微贮饲料具有醇香和果香气味，并具有弱酸味。若有强酸味，表明醋酸较多，这是由水分过多和高温发酵造成的。若有腐臭味、发霉味，则不能饲喂。三是凭手感。优质的秸秆微贮饲料拿到手里是很松散的，质地柔软、湿润。若拿到手里发黏，或者粘在一起，说明质量不佳。有的虽然松散，但干燥且粗硬，也属于不好的饲料。

8）秸秆微贮饲料的取用与饲喂。根据气温情况，秸秆微贮饲料一般需在窖内贮藏21~45天才能取喂。开窖时，应从窖的一端开始，先去掉上面覆盖的部分土层、草层，然后揭开塑料薄膜，从上到下垂直逐段取用。每次取出的量应以白天喂完为宜，坚持每天取料，每层所取的料不应少于15厘米。每次取完后，要用塑料薄膜将窖口密封，尽量避免与空气接触，以防止二次发酵和变质。

【注意】

一般育肥牛每天可喂微贮饲料。开始饲喂微贮饲料时，肉牛有一个适应期，应由少到多地逐步增加喂量。冻结的微贮饲料应先化开后再用，由于制作微贮饲料时加入了食盐，饲喂时应从日粮中扣除这部分食盐的用量。

第三章
做好环境调控，向环境要效益

【提示】

环境是肉牛生存、繁殖和生长的基本条件，直接关系到肉牛的健康和生产性能发挥。维持适宜的环境条件，保持环境的洁净卫生，才能最大限度地提高肉牛的养殖效益。

第一节　环境调控中的误区

一、肉牛场建设的误区

1. 忽视场址选择和布局

许多肉牛养殖者往往忽视场址的选择和规划布局，如养殖场离公路、居民区太近，选址随意性大，既不论证又不报畜牧兽医行政主管部门审批，不符合《中华人民共和国动物防疫法》和《中华人民共和国畜牧法》的相关规定。草料库、青贮池（窖）、犊牛舍等在下风向，而隔离舍、病牛舍、粪污处理设施等却在上风向，不区分净道和污道，使得交叉感染及疫病的风险加大。

2. 认为绿化会增加投入，没有多大用处

肉牛场的绿化需要增加场地面积和投入资金。由于缺乏对绿化重要性的认识，许多肉牛养殖者认为绿化只是美化一下环境，没有什么实际意义，而且还需要增加投入、占用场地等。在设计牛场时，缺乏绿化设计的内容，或即使有关于绿化的设计，但是为了减少投入而不进行绿化，或因场地小而没有绿化空间等，最终导致肉牛场光秃秃的。夏季太阳辐射强度大，冬季风沙大，因此，场区小气候环境较差。

3. 牛舍太简陋

许多肉牛养殖户为了省事，利用厕所、房前、屋后、夹道等地，建设简易圈来养肉牛，栏舍结构极不科学，冬季不御寒，夏季不防暑。有的肉牛牛舍地面长期积水、积尿，严重影响肉牛的健康生长。

4. 忽视牛舍设施设计

不注意牛舍内设施的设计，如牛槽过高、牛床过于光滑等，导致肉牛采食不方便、劳动强度增加、牛滑倒而受伤等问题。

5. 忽视牛舍内表面的处理，内表面粗糙不光滑

饲养肉牛时，要不断对牛舍进行清洁、消毒。在肉牛出售后的间歇，更要对牛舍进行清扫、冲洗和消毒。所以，建设牛舍时，舍内表面结构要简单、平整、光滑，具有一定的耐水性，这样容易冲洗、清洁和消毒。在生产中，有的牛场为了降低建设投入，对牛舍没有进行必要的处理，如内墙面不抹面、砖墙裸露、屋顶内层使用秸秆、地面不进行硬化等，这些不但影响到舍内的清洁、消毒，也影响到牛舍的防潮和保温隔热。

二、废弃物处理的误区

1. 不重视废弃物的贮放和处理，随处堆放废弃物，不进行无害化处理

牛场的废弃物主要是粪便。废弃物内含有大量的病原微生物，是牛场最大的污染源。但在生产中，许多养殖场不重视废弃物的贮放和处理，如没有合理规划和设置粪污存放区和处理区，随便堆放废弃物且不进行无害化处理，导致场区空气质量差、有害气体含量高、尘埃飞扬、污水横流，土壤和水源被严重污染，细菌、病毒、寄生虫卵和媒介虫类大量滋生，牛场和周边环境相互污染。

2. 认为污水不进行处理无关紧要，污水随处排放

有的肉牛养殖者认为污水不进行处理无关紧要，或污水处理投入较大，在建场时不考虑污水的处理问题。有的牛场随便在排水沟的下游挖

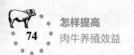

个大坑，谈不上几级过滤沉淀，有时遇到连续雨天，沟满坑溢，污水四处流淌，或直接排放到牛场周围的小渠、河流或湖泊内，对水源和场区及周边环境造成严重污染，也影响到本场肉牛的健康。

第二节　提高环境效益的主要途径

一、科学选择场址和规划布局

1. 场址选择

（1）地势和地形　场地的地势应具有高燥、避风、阳光充足的特点，这样可防潮湿，有利于排水。其地下水位应在2米以下，即地下水位需在青贮窖底部0.5米以下。牛场的地面要平坦且稍有坡度（不超过2.5%）。山区可结合当地实际情况而定，要避开悬崖、山顶、雷区等地。地形应开阔、整齐。

（2）土壤　场地的土壤应该有较好的透水、透气性，抗压性，洁净卫生，有利于保持牛舍、运动场的清洁与干燥，有利于防止蹄病的发生。场地的土壤的生物学指标见表3-1。

表3-1　场地的土壤的生物学指标

污染情况	每千克土中寄生虫卵数/个	每千克土中细菌总数/万个	每克土中大肠杆菌值/个
清洁	0	1	0.001
轻度污染	1~10		
中等污染	10~100	10	0.02
严重污染	>100	100	0.5~1.0

注：清洁和轻度污染的土壤适宜作为场址。

（3）水源　场地的水量应充足，水质良好，便于取用和保护。此外，在选择时，要调查当地是否因水质不良而出现过某些地方性疾病等。水源通常以井水、泉水、地下水为好。

【提示】

    每头成年牛每天耗水量为60千克。

（4）**草料**　饲草、饲料的来源，尤其是粗饲料的来源，决定着牛场的规模。牛场应距牧场，以及干草、秸秆和青贮饲料资源较近，以保证草料供应，减少成本，降低饲料费用。

【注意】

    一般应考虑场址周边5千米半径内的饲草资源。根据有效范围内年产各种饲草、秸秆的总量，减去原有草食家畜的消耗量，富余量可决定牛场的规模。

（5）**交通**　便利的交通是牛场对外进行物质交流的必要条件，但距公路、铁路和飞机场过近时，噪声会影响肉牛的消化和正常休息，人流、物流频繁也易使肉牛患传染病。所以，牛场应距交通干线1000米以上，距一般交通线100米以上，有一个缓冲区域（彩图20）。

（6）**社会环境**　牛场应选在居民区、村庄的下风向和径流下方，距离居民区不少于500米，以避免肉牛的排泄物、饲料废弃物、患传染病的尸体等对居民区的污染，也要防止居民区对牛场的干扰。为避免居民区与牛场的相互干扰，可在两地之间建立树林隔离区。牛场附近不应有噪声超过90分贝的工矿企业，不应有肉类、皮革、造纸、农药、化工等有毒、有污染的工厂。

（7）**其他因素**　在北方地区，不要将牛场建在西北风口处。山区牧场要考虑建在放牧出入方便的地方。牧道不与公路、铁路、水源等交叉，以避免污染水源和事故发生。场址大小、间隔距离等均应遵守卫生防疫要求，并应符合配备的建筑物、辅助设备及牛场远景发展的需要。

2. 牛场规划布局

牛场规划布局的要求是从人和牛的保健角度出发，建立最佳的生产

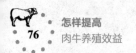

联系和卫生防疫条件，合理安排不同区域的建筑物，特别是在地势和风向上进行合理的安排和布局。牛场一般分成管理区、生产辅助区、生产区、病畜隔离与粪污处理区四大功能区（图3-1），各区之间保持一定的卫生间距。

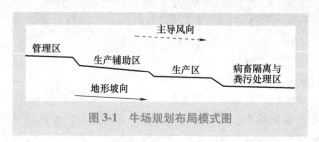

图 3-1　牛场规划布局模式图

二、合理设计和建设牛舍

1. 牛舍的类型及特点

牛舍按墙壁的封闭程度划分，可分为封闭式、半开放式、开放式和棚舍式；按屋顶的形状划分，可分为钟楼式、半钟楼式、单坡式、双坡式和拱顶式；按牛床的排列形式划分，可分为单列式、双列式和多列式；按舍饲对象划分，可分为成年母牛舍、犊牛舍、育成牛舍（架子牛舍）、育肥牛舍和隔离观察舍等。

（1）棚舍（凉亭式牛舍）　有屋顶，但无墙体。在棚舍的一侧或两侧设置运动场，用围栏围起来。棚舍结构简单，造价低。在炎热季节，为了避免肉牛受到强烈的太阳辐射，缓解热应激对牛体的不良影响，可以修建凉棚。凉棚的轴向以东西向为宜，避免阴凉部分移动过快；棚顶材料可用秸秆、树枝、石棉瓦、钢板瓦及草泥挂瓦等；高度一般为3~4米。冬季可以使用彩条布、塑料布及草帘将北侧和东西侧封闭起来，避免寒风直吹牛体。

【提示】

　　棚舍适用于温暖地区和冬季不太冷的地区的成年牛。

（2）半开放式牛舍

1）一般半开放式牛舍。半开放牛舍有屋顶，三面有墙（墙上有窗户），向阳一面是敞开或半敞开的。墙体上安装有大的窗户，有部分顶棚，在敞开一侧设有围栏，水槽、料槽设在栏内。每舍可饲养 15～20 头肉牛，每头肉牛占有面积 4～5 米^2。这类牛舍造价低，节省劳动力，但冬季防寒效果不佳。

【提示】
　　一般半开放式牛舍适用于青年牛和成年牛。

2）塑料暖棚牛舍。近年来，北方寒冷地区推出一种较保温的半开放式牛舍。与一般半开放式牛舍比，其保温效果较好。塑料暖棚牛舍的三面全是墙体，向阳一面有半截墙，有 1/2～2/3 的顶棚。向阳的一面在温暖季节露天开放。在寒冷的季节，在露天的一面用竹片、钢筋等材料做支架，上覆单层或双层塑料膜，两层膜间留有间隙，使牛舍呈封闭的状态，借助太阳能和牛体自身散发的热量，使牛舍温度升高，防止热量散失。修筑塑料暖棚牛舍时要注意：一是选择合适的朝向，塑料暖棚牛舍需坐北朝南，南偏东或偏西不要超过 15 度，牛舍南面至少 10 米应无高大建筑物及树木遮蔽；二是选择合适的塑料薄膜，应选择对太阳光透过率高、对地面长波辐射透过率低的聚氯乙烯等塑料薄膜，厚度以 80～100 微米为宜；三是合理设置通风换气口，棚舍的进气口应设在南墙，其距地面高度以略高于牛体高为宜，排气口应设在棚舍顶部的背风面，上设防风帽，排气口的面积以 20 厘米×20 厘米为宜，每隔 3 米设置一个排气口，进气口的面积是排气口面积的一半；四是有适宜的棚舍入射角，棚舍的入射角应大于或等于当地冬至时太阳高度角；五是注意塑料薄膜坡度的设置，塑料薄膜与地面的夹角应以 55～65 度为宜。

【提示】
　　塑料暖棚牛舍适用于各种肉牛。

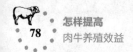

（3）**封闭式牛舍** 封闭式牛舍（彩图 21）的四面有墙和窗户，顶棚全部覆盖，分单列封闭舍和双列封闭舍。单列封闭舍只有一排牛床，牛舍宽 6 米、高 2.8～3.2 米，舍顶可修成平顶或脊形顶。牛舍跨度小，易建造，通风好，但散热面积相对较大。双列封闭舍设有两排牛床，两排牛床多采取对头式，中央为通道。牛舍宽 10～12 米、高 2.7～2.9 米，采用脊形棚顶。

【提示】

　　单列封闭舍适用于小型牛场。双列封闭舍适用于规模较大的牛场，以每栋牛舍饲养 100 头肉牛为宜。

（4）**装配式牛舍** 装配式牛舍以钢材为原料，在工厂制作，到现场组装，属敞开式牛舍。屋顶为镀锌板或太阳板，屋梁为角铁焊接；"U"字形食槽和水槽为不锈钢制作，可随牛的体高随意调节；隔栏和围栏用钢管制作。装配式牛舍的室内设置与普通牛舍基本相同，其实用性、科学性主要体现在屋架、屋顶和墙体及可调节饲喂设备上。

【提示】

　　装配式牛舍技术先进，实用、耐用和美观，且制作简单、省时，造价适中。

2. 牛舍的设计

（1）**牛舍的内部设计** 牛舍的内部需设置牛床、饲槽、饲喂通道、清粪通道与粪尿沟、牛栏和颈枷等。

1）牛床。牛床必须保证牛可以舒适、安静地休息，保持牛体的清洁，并容易打扫。牛床要坚固、平坦、防滑、排水良好，通常有 1%～1.5% 的坡度。牛床要造价低、保暖性好、便于清除粪尿。

肉牛牛床常用短牛床，肉牛的前身靠近饲料槽后壁，后肢接近牛床的边缘，使粪便能直接落在粪沟内。牛床的长度一般为 160～180 厘米，宽度一般为 60～120 厘米。目前牛床都采用水泥面层，并在后半部画防滑线。在冬季，为降低寒冷对肉牛生产的影响，需要在牛床上加铺垫物。

牛床面层最好采用橡胶等材料。

【注意】

在肉牛站立后半部要画防滑线，线间宽距 50 毫米，长为 500 毫米、宽为 100 毫米，呈菱角形。

牛床规格直接影响牛舍的规格，不同类型的牛需要的牛床规格不同（表 3-2）。

表 3-2　牛舍内牛床规格

类别	长度/米	宽度/米	坡度（%）
繁殖母牛	1.6~1.8	1.0~1.2	1.0~1.5
犊牛	1.2~1.3	0.6~0.8	1.0~1.5
架子牛	1.4~1.6	0.9~1.0	1.0~1.5
育肥牛	1.6~1.8	1.0~1.2	1.0~1.5
分娩母牛	1.8~2.2	1.2~1.5	1.0~1.5

2）饲槽。采用单一类型的全日粮配合饲料，即用青贮饲料和配合饲料调制成混合饲料。在采用舍饲散栏饲养时，大部分精饲料在舍内饲喂，青贮饲料在运动场或舍内食槽内饲喂，青草、干草一般在运动场上饲喂。饲槽位于牛床前，通常为通槽。饲槽长度与牛床宽度相等，饲槽底平面高于牛床 5 厘米。饲槽需坚固，表面光滑，不透水，多为砖砌，水泥砂浆抹面；饲槽底部平整，两侧带圈弧形，以适应牛用舌采食的习性；槽底向排水口的方向稍有坡度，便于清洗与消毒。为了不妨碍牛的卧息，饲槽前壁（靠牛床的一侧）应做成一定弧度的凹形窝。也有采用无帮浅槽的，把饲喂通道加高 30~40 厘米，前槽帮高 20~25 厘米（靠牛床），槽底部高出牛床 10~15 厘米。这种饲槽有利于饲料车运送饲料，饲喂省力；采食不"窝气"，通风良好。牛的饲槽尺寸见表 3-3。

表 3-3　牛的饲槽尺寸

类别	槽内（口）宽/厘米	槽有效深/厘米	前槽帮高/厘米	后槽帮高/厘米
成年牛	60	35	45	65
育成牛	50~60	30	30	65
犊牛	40~50	10~12	15	35

3）饲喂通道。饲料通道（彩图22）设在牛食槽前面，宽度为1.6~2.0米，一般贯穿牛舍中轴线，通道坡度为1%。

4）清粪通道与粪尿沟。清粪通道的宽度要满足运输工具的往返和牛的出入，且注意防滑。宽度一般为1.5~1.7米，路面要有1%的拱度。通道标高低于牛床的地面5厘米。

在牛床与清粪通道之间设有排粪明沟。牛舍明沟宽度为32~35厘米、深度为5~15厘米，沟底应为方形，便于用锹除粪。沟底长度带有约6%的排水坡度，向下水道倾斜。当明沟深度超过20厘米时，应设漏缝沟盖，以免胆小牛不越过或失足时下肢受伤。

5）牛栏和颈枷。牛栏位于牛床与饲槽之间，和颈枷一起用于固定牛。牛栏由横杆、主立柱和分立柱组成。每两个主立柱间距离与牛床宽度相等，主立柱之间有若干分立柱，分立柱之间距离为10~12厘米，颈枷两边分立柱之间距离为15~20厘米。最简便的颈枷为下颈链式，用铁链或结实的绳索制成，在内槽沿有固定环，绳索系于牛颈部、鼻环、角之间和固定环之间。此外，直链式、横链式颈枷也是常用的。

(2) 不同类型牛舍的设计　专业化肉牛场一般只饲养育肥牛，牛舍的种类简单，只需要肉牛舍。自繁自养的肉牛场牛舍种类复杂，需要有犊牛舍、育肥舍、繁殖牛舍和分娩牛舍。

1）犊牛舍。犊牛舍必须考虑屋顶的隔热性能和舍内的温度及昼夜温差，所以墙壁、屋顶、地面均应重视，并注意门窗的设计，避免穿堂风。初生（0~7日龄）犊牛对温度的适应力较差，所以，在南方气温高的地方要注意防暑。在北方，重点是防寒。在冬季，初生犊牛舍可用厚垫草。犊牛舍不宜用煤炉取暖，可用火墙、暖气等。初生犊牛舍冬季的室温在10℃左右。2 日龄以上犊牛则因需放室外运动，所以，注意室内外温差不超过8℃。

犊牛舍可分为初生犊牛栏和犊牛栏。初生犊牛栏长为 1.8~2.8 米、宽为 1.3~1.5 米，过道侧设长 0.6 米、宽 0.4 米的饲槽，栏门宽 0.7 米。犊牛栏之间用高为 1 米的挡板相隔，饲槽端为带颈枷栅栏（高为 1 米），地面高出 10 厘米，向门方向做 1.5%坡度，以便清扫。犊牛栏长为 1.5~2.5 米（靠墙为粪尿沟，也可不设），过道端设通槽，通槽与牛床间以带颈枷的木栅栏相隔，高为 1 米，每头犊牛所占面积为 3~4 米^2。

2）肉牛舍。肉牛舍可以采用封闭式、开放式牛舍或棚舍，应具有一定的保温隔热性能，特别是夏季要防热。肉牛舍的跨度由清粪通道、饲槽宽度、牛床长度、牛床列数、粪尿沟宽度和饲喂通道等决定。一般每栋牛舍容纳 50~120 头牛。以双列对头为好。牛床长加粪尿沟需 2.2~2.5 米，牛床宽为 0.9~1.2 米，中央饲料通道宽为 1.6~1.8 米，饲槽宽为 0.4 米。

3）繁殖牛舍。繁殖牛舍的规格和尺寸同肉牛舍（彩图 23）。

4）分娩牛舍。分娩牛舍多采用密闭舍或有窗舍，有利于保持适宜的温度。饲喂通道宽为 1.6~2 米，牛走道（或清粪通道）宽为 1.1~1.6 米，牛床长为 1.8~2.2 米、宽为 1.2~1.5 米。分娩牛舍可以是单列式，也可以是多列式。

（3）门窗的设计 牛舍门洞大小依牛舍而定。繁殖母牛舍、育肥牛舍门宽为 1.8~2.0 米、高为 2.0~2.2 米；犊牛舍、架子牛舍门宽为 1.4~1.6 米、高为 2.0~2.2 米。繁殖母牛舍、犊牛舍、架子牛舍的门洞要求有 2~5 个（每一个横行通道一般有一个门洞），育肥牛舍有 1~2 个门洞。高为 2.1~2.2 米、宽为 2~2.5 米。门一般设成双开门，也可设为上下翻卷门。封闭式的窗应大一些，一般高为 1.5 米、宽为 1.5 米，窗台距地面 1.2 米为宜。

3. 辅助性建筑和设施设备

（1）辅助性建筑

1）运动场。运动场是牛休息的地方，肢蹄病发病的高低与之有着密切关系。运动场（彩图 24）与牛舍相隔 5 米，宜设在牛舍南侧向阳的地方，应便于绿化。运动场地应该干燥、平坦，同时要有 4%的坡度（其中央较高，向东、西、南三面倾斜）。除靠近牛舍的一边外，运动场

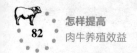
的其他三边必须开排水沟，以便于在下大雨、暴雨时排出场内的积水，并且经常保持运动场的整洁和干燥。运动场四周还要建围栏。可以用水泥柱或钢管作围栏的支柱，用钢筋将其连在一起，也可用石料作围栏。成年母牛、青年牛、育成牛的围栏高度均为 1.4~1.6 米；犊牛的围栏高度为 1.2~1.4 米。运动场可以使用砖、三合土或石块铺设。运动场应搭设遮阴、避雨的凉棚，或采用隔栏式的休息棚。场内还应设饮水槽（彩图 25），旁边设盛矿物质饲料和食盐的槽子。

2）草料库。草料库的大小根据饲养规模、粗饲料的储存方式、日粮的精粗饲料比重等确定。用于贮存切碎的粗饲料的草料库应建得较高些，一般高度为 5~6 米。

【注意】

草料库的窗户离地面也要高，至少为 4 米以上。草料库应设防火门，与下风向建筑物的距离应大于 50 米。

3）饲料加工场。饲料加工场包括原料库、成品库、饲料加工间等。原料库应能够贮存肉牛场 10~30 天所需的各种原料；成品库可略小于原料库，库房内应宽敞、干燥、通风良好，室内地面应高出室外地面 30~50 厘米，地面以水泥地面为宜，房顶要具有良好的隔热、防水性能，窗户要高，门窗要注意防鼠，整体建筑注意防火。

4）青贮窖或青贮池。宜建在饲养区且靠近牛舍的地方，地势要高，防止粪尿等污水浸入污染，同时要考虑进出料时运输方便。根据地势、土质情况，可建成地下式或半地下式长方形或正方形的青贮窖。长方形青贮窖的宽、深比以 1∶（1.5~2）为宜，长度以需要量确定。

（2）设施设备

1）消毒室和消毒池。在生产区大门口和人员进入饲养区的通道口，分别修建供车辆和人员进行消毒的消毒池和消毒室。车辆用消毒池的宽度以略大于车轮间距即可，参考尺寸为长 3.8 米、宽 3 米、深 0.1 米，池底低于路面，坚固耐用，不渗水；人员消毒室（图 3-2）一般为串联的两个小间，其中一个为消毒室，内设消毒池和洗浴设施或紫外线灯，紫外线灯功率为 2~3 瓦/米^2，另一个为更衣室。人员消毒室的参考尺寸为长 2.8 米、宽 1.4 米、深 0.1 米。

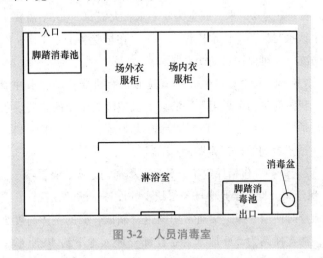

图 3-2　人员消毒室

2）沼气池。建造沼气池，把牛粪、牛尿、剩草、废草等投入沼气池，进行封闭发酵，产生的沼气可作为生活或生产用燃料，经过发酵的残渣和废水是良好的肥料。目前推广的水压式沼气池具有受力合理、结构简单、施工方便、适应性强、就地取材和成本较低等优点。

3）地磅。对于规模较大的牛场，应设地磅，以便对各种车辆和牛等进行称重。

4）装卸台。可减轻装车与卸车的劳动强度，同时减少牛的损失。装卸台可建成宽为 3 米、长约 8 米的驱赶牛的坡道，坡的最高处与车厢平齐。

5）排水设施与粪尿池。牛场应设有废弃物储存、处理设施，防止泄漏、溢流、恶臭等对周围环境造成污染。粪尿池设在牛舍外的地势低洼处，必须离饮水井 100 米以外，且应在运动场相反的一侧。池的容积以能储存 20~30 天的粪尿为宜。在牛舍粪尿沟和粪尿池之间设地下排水管，向粪尿池方向应有 2%~3% 的坡度。

6）补饲槽和饮水槽。在运动场的适当位置或凉棚下要设置补饲槽

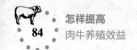
和饮水槽，以便牛群在运动场时采食粗饲料和随时饮水。根据牛的数量确定补饲槽和饮水槽的数量、尺寸。每个补饲槽长为 3~4 米、高为0.4~0.7 米，槽上宽为 0.7 米、底宽为 0.4 米。大概每 30 头牛需要 1 个饮水槽。当牛饮水时，要将饮水槽加满，至少在早晚各加水 1 次；饮水槽应抗寒、防冻。也可以用自动饮水器。

7）清粪形式及设备。牛舍的清粪形式有机械清粪、水冲清粪、人工清粪。我国的牛场多采用人工清粪。机械清粪采用的主要设备有连杆刮板式（适于单列牛床）、环行链刮板式（适于双列牛床）和双翼形推粪板式（适于舍饲散栏饲养牛舍）。

8）保定设备。包括保定架、鼻环、缰绳与笼头、吸铁器。

① 保定架。保定架是牛场不可缺少的设备，通常在打针、灌药、编耳号及治疗时使用。保定架通常用圆钢材制成，架的主体高度为 160 厘米，前颈枷支柱高为 200 厘米，立柱部分埋入地下约 40 厘米，架长为150 厘米、宽为 65~70 厘米。也有活动式保定架（图 3-3）。

图 3-3　活动式保定架

② 鼻环。鼻环有两种类型：一种是用不锈钢材料制成的，质量好且耐用，但价格较高；另一种是用铁或铜材料制成的，质地较粗糙，材料直径为 4 毫米左右，价格较低。

③ 缰绳与笼头。缰绳与笼头为拴系饲养时所必需的，采用围栏散养

方式可不用缰绳与笼头。缰绳通常系在鼻环上，以便牵牛；笼头套在牛的头上，便于抓牛，而且牢靠。缰绳材料有麻绳、尼龙绳，每根绳长为1.6米左右、直径为0.9~1.5厘米。

④ 吸铁器。牛采食时，饲料不经咀嚼便直接吞入口中。若饲料中混有铁钉、铁丝等，容易误食，一旦吞入，无法排出，容易造成牛的创伤性网胃炎或心包炎。吸铁器有两种用途：一种用于体外，即在草料传送带上安装磁力吸铁装置。另一种用于体内，称为磁棒吸铁器。使用时，将磁棒吸铁器放入病牛口腔近咽喉部，灌水促使牛将其吞入瘤胃。随着瘤胃的蠕动，经过一定的时间后，将吸铁器慢慢取出，瘤胃中混有的细小铁器便会吸附在磁力棒上一并带出。

9) 饲料生产与饲养器具。主要包括拖拉机、青贮饲料切碎机、喂料机械、铡草机、磅秤、压扁机或粉碎机等。

三、加强牛场的环境管理

1. 场区的环境管理

(1) 合理规划牛场

1) 牛舍的朝向和间距。牛舍的朝向直接影响牛舍的温热环境和卫生，一般应使牛舍的长轴方向与夏季主导风向垂直。我国夏季盛行东南风，冬季多为东北风或西北风，所以，南向的牛场场址和牛舍的朝向是适宜的。牛舍之间应该有20米左右的距离。

2) 牛场道路。牛场设置清洁道和污染道，清洁道应在上风向，与污染道不交叉。

3) 储粪场。牛场要设置粪尿处理区。粪场可设置在多列牛舍的中间，靠近道路，便于粪便的清理和运输。设置储粪场（池）时应注意：一是储粪场应设在生产区和牛舍的下风处，与住宅、牛舍之间保持一定的卫生间距（距牛舍30~50米），应便于运往农田或其他地方进行处理；二是储粪池的深度以不受地下水浸渍为宜，底部应较结实，储粪场要进行防渗处理，以防粪液渗漏、流失而污染水源和土壤；三是储粪场底部应有坡度，使粪水可流向一侧或集液井，以便取用；四是储粪池的大小

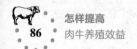

应根据每天牛场排粪量的多少及储藏时间长短而定。

4）绿化。绿化不仅可以美化环境，而且可以净化环境、改善小气候，并有防疫、防火的作用。应做好场界林带、场区隔离林带、运动场的遮阴林设置，以及场内外道路两旁的绿化。

（2）隔离卫生和消毒　牛场隔离卫生和消毒是维持场区良好环境和保证牛健康的基础。

1）严格隔离。隔离是指阻止或减少病原进入肉牛体的措施。这是一种常用的控制传染病的重要措施，其意义在于严格控制传染源，有效地防止传染病的蔓延。

① 牛场的一般隔离措施。除了做好牛场的规划布局外，还应在牛场周围设置隔离设施（如隔离墙或防疫沟），牛场大门口设置消毒室和车辆消毒池，生产区的每栋建筑物门前要有消毒池。欲进入牛场的人员、设备和用具要经过大门口消毒以后方可进入；引种时，要将牛隔离饲养，待观察无病后方可大群饲养。

② 发病后的隔离措施。一是分群隔离饲养。当发生传染病时，要立即仔细检查所有的牛，根据牛的健康程度不同，可分为不同的牛群，采取严格的隔离措施（表3-4）。二是禁止人员和牛的流动。禁止牛、饲料、养牛的用具在场内和场外流动，禁止其他畜牧场、饲料间的工作人员的来往及场外人员来肉牛场参观。三是紧急消毒。每天对环境、设备、用具消毒一次，并适当加大消毒液的用量，提高消毒的效果。当传染病扑灭后，2周后没有再发现病牛时，进行一次全面彻底的消毒后才可以解除封锁。

表3-4　不同牛群的隔离措施

牛群类型	隔离措施
病牛	在彻底消毒的情况下,把症状明显的肉牛隔离在原来的场所,单独或集中饲养在偏僻、易于消毒的地方,由专人饲养,加强护理、观察和治疗,饲养人员不得进入健康牛群的牛舍。要固定所用的工具,注意对场所、用具的消毒,出入口设置消毒池,进出人员必须经过消毒后方可进入隔离场所。要对粪便进行无害化处理,其他闲杂人员和动物避免接近。如经查明,场内只有极少数的牛患病,为了迅速扑灭疫病并节约人力和物力,可以扑杀病牛

（续）

牛群类型	隔离措施
可疑病牛	与传染源或其污染的环境(如同群、同笼或同一运动场等)有过密切的接触，但无明显症状的牛，有可能处在潜伏期，并有排菌、排毒的危险。对可疑病牛的用具必须消毒，然后将可疑病牛转移到其他地方单独饲养，给予紧急接种和投药治疗。同时，限制这些牛的活动场所，平时注意观察
假定健康牛	无任何症状、一切正常的牛要与上述两类牛分开饲养，并做好紧急预防接种工作。同时，加强消毒，仔细观察，一旦发现病牛，要及时消毒、隔离。此外，对污染的饲料、垫草、用具、牛舍和粪便等进行严格消毒；做好杀虫、灭鼠、灭蚊蝇工作。在整个封锁期间，禁止由场内运出牛和向场内运进牛

2）卫生与消毒。保持牛场和牛舍的清洁和卫生，定期进行全面的消毒，可以减少病原的种类和含量，防止或减少疾病发生。

（3）水源防护 牛场水源的水质必须符合卫生要求（表3-5）。不仅在选择牛场场址时将水源作为要考虑的重要因素，而且在牛场建好后还要注意水源的防护。

表3-5 牛饮用水的水质标准

项目	指标	标准
感官性状及一般化学指标	色度	≤30
	浑浊度	≤20
	臭和味	不得有异臭异味
	肉眼可见物	不得含有
	总硬度($CaCO_3$ 计)/(毫克/升)	≤1500
	pH	5.0~5.9
	溶解性总固体/(毫克/升)	≤1000
	氯化物(Cl 计)/(毫克/升)	≤1000
	硫酸盐(SO_4^{2-} 计)/(毫克/升)	≤500
细菌学指标	总大肠杆菌群数/(个/100 毫升)	成畜≤10;幼畜和禽≤1

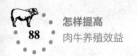
（续）

项目	指标	标准
毒理学指标	氟化物（F 计）/（毫克/升）	≤2.0
	氰化物/（毫克/升）	≤0.2
	总砷/（毫克/升）	≤0.2
	总汞/（毫克/升）	≤0.01
	铅/（毫克/升）	≤0.1
	铬（六价）/（毫克/升）	≤0.1
	镉/（毫克/升）	≤0.05
	硝酸盐（N 计）/（毫克/升）	≤30

1）水源位置要合适。水源位于管理区内，远离生产区和其他污染源，并且建在地势高燥处。牛场可以自建深水井和水塔。深层地下水经过地层的过滤作用，又是封闭性水源，水质、水量稳定，受污染的机会很少。

2）加强水源保护。水源周围没有工业和化学污染及生活污染（不得建厕所、粪池、垃圾场和污水池）等。

3）搞好饮用水卫生。定期对饮水用具和饮水系统进行清洗和消毒，保持饮水用具的清洁卫生，保证饮用水的新鲜。定期检测水源的水质，出现污染时，要查找原因，及时解决；当水源水质较差时，要进行净化和消毒处理。

（4）污水处理　牛场必须设有专门的排水设施，以便及时排出雨水、雪水及生产污水。全场排水网分主干和支干，主干主要是配合道路网设置的路旁排水沟，将全场地面径流或污水汇集到几条主干道内排出；支干主要是各运动场的排水沟，设于运动场的边缘，利用场地倾斜度，使水从沟中排走。排水沟的宽度和深度可根据地势和排水量而定，沟底、沟壁应夯实。暗沟可用水管或用砖砌，如暗沟过长（超过 200米），应增设沉淀井，以免污物淤塞，影响排水。污水经过处理达标后可排放，被病原体污染的污水要进行消毒处理。比较实用的方法是化学药品消毒法：先将污水处理池的出水管用一木闸门关闭，将污水引入污水池后加入化学药品（如漂白粉或生石灰），进行消毒。消毒药的用量视污水量而定（一般1升污水用2~5克漂白粉）。消毒后，将闸门打开，使污水流出。

【注意】

　　沉淀井距供水水源应在200米以上，以免造成污染。

　　（5）**灭鼠**　鼠是人、畜多种传染病的传播媒介，还盗食饲料、咬坏物品、污染饲料和饮用水，危害极大，牛场必须加强灭鼠。用化学方法灭鼠的优点是效率高、方便、成本低、见效快，缺点是能引起人、畜中毒。有些鼠对药剂有选择性、拒食性和耐药性。所以，使用时必须选好药剂和注意使用方法，以确保安全、有效。灭鼠药剂种类很多，主要有灭鼠剂、熏蒸剂、烟剂和化学绝育剂等。灭鼠应当使用慢性长效灭鼠药，如溴敌隆、敌鼠钠盐等。

　　牛场采用化学方法灭鼠要注意定期和长期相结合。定期灭鼠有三个时机：一是在牛群淘汰后，切断水源、清走饲料时；二是在春季鼠类繁殖高峰时；三是在秋季天气渐冷、外部的鼠迁入牛舍内之际。在这三种情况下灭鼠，能达到事半功倍的效果。长期灭鼠的方法是在室内外鼠活动的地方放置一些毒饵盒。毒饵盒要让鼠容易进入和通过，而其他动物不能接触毒饵。要经常更换毒饵。

　　牛场的鼠类以饲料库、牛舍最多，这两类场所是灭鼠的重点场所。饲料库灭鼠可用熏蒸剂。

【注意】

　　投放毒饵时，要防止毒饵混入饲料中。鼠尸应及时清理，以防被牛误食而发生二次中毒。选用鼠长期吃惯的食物作为饵料，要突然投放，饵料充足、分布广泛，以保证灭鼠的效果。

　　（6）**消灭吸血昆虫**　蚊、蝇、蚤等吸血昆虫会侵袭牛并传播疫病，

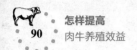
因此，在肉牛生产中要采取有效的措施消灭这些昆虫。

1）搞好环境卫生。搞好牛场环境卫生，保持环境清洁、干燥，是消灭蚊蝇的基本措施。蚊虫需在水中产卵、孵化和发育，蝇蛆也需在潮湿的环境及粪便等废弃物中生长。因此，填平无用的污水池、土坑、水沟和洼地；保持排水系统畅通，对阴沟、沟渠等定期疏通，勿使污水储积；对储水池等容器加盖，以防蚊蝇飞入其中产卵。对不能清除或加盖的防火储水器，在蚊蝇滋生季节应定期换水。在永久性水体（如鱼塘、池塘等）中，蚊虫多滋生在水浅而有植被的边缘区域，修整边岸、加大坡度、填充浅湾，能有效地防止蚊虫滋生。牛舍内的粪便应定时清除并及时处理，储粪池应加盖并保持四周环境的清洁。

2）生物灭虫法。利用天敌消灭害虫，如池塘养鱼即可达到鱼类治蚊的目的。此外，用细菌制剂——内菌素消灭吸血蚊的幼虫，效果良好。

3）化学灭虫法。化学灭虫法是使用天然或合成的毒物，以不同的剂型（粉剂、乳剂、油剂、水悬剂、颗粒剂、缓释剂等），通过不同途径（胃毒、内吸等）毒灭或驱逐蚊蝇。化学灭虫法具有使用方便、见效快等优点，是当前消灭蚊蝇的较好方法。常用的药物是慢性灭鼠药物，如敌鼠钠盐等。

（7）粪尿处理

牛的粪便可用作肥料。牛的粪尿中的尿素、氨及钾磷等均可被植物吸收。但是，粪中的蛋白质等未消化的有机物要经过腐熟分解成氨或铵才能被植物吸收。所以，肉牛的粪尿可用作底肥。

1）处理方法。将牛的粪尿连同垫草等污物堆放在一起，最好在上面覆盖一层泥土，让其增温、腐熟。或将牛粪、杂物倒在固定的粪坑内（坑内不能积水），待粪坑堆满后，用泥土覆盖严密，使其发酵、腐熟，经过15~20天便可开封使用。经过生物热处理过的肉牛粪肥，既能减少有害微生物、寄生虫的危害，又能提高肥效，减少氨的挥发。肉牛粪中残存的粗纤维虽然肥分低，但是对土壤具有疏松的作用，可改良土壤的结构。

2）利用方法。直接将处理后的牛粪用作各类旱作物、瓜果等经济作物的底肥，肥效高、肥力持续时间长；或将处理后的牛粪尿加水制成粪尿液，用作追肥喷施植物，不仅用量省、肥效快，增产效果也较显著。粪液的制作方法是将牛粪存于缸内（或池内），加水密封 10~15 天，经自然发酵后，滤出残余固形物，即可喷施农作物。尚未用完或缓用的粪液，应继续在缸中封闭保存，以减少氨的挥发。

3）生产沼气。固态或液态粪污均可用于生产沼气。沼气是厌气微生物（主要是甲烷细菌）分解粪污中含碳有机物而产生的一种混合气体，其中甲烷占 60%~75%、二氧化碳占 25%~40%，还有少量氧、氢、一氧化碳、硫化氢等气体。将牛粪、牛尿、垫料、污染的草料等投入沼气池内封闭发酵，生产的沼气可用于照明、作燃料或发电等。沼气池在厌氧发酵过程中可杀死病原微生物和寄生虫，发酵粪便产气后的沼渣还可再用作肥料。

2. 牛舍的环境控制

影响牛群生活和生产的主要环境因素有温度、湿度、气流、光照、有害气体、微粒、微生物和噪声等。

（1）舍内温度的控制

1）舍内温度要求（表 3-6）。

表 3-6　牛舍的适宜温度

类型	最适宜温度/℃	最低温度/℃	最高温度/℃
肉牛舍	10~15	2	27
哺乳犊牛舍	12~15	3	27
断乳牛舍	6~8	4	27
产房	15	10	27

2）舍内温度调节措施。

① 牛舍的防寒保暖。牛的抗寒能力较强，冬季外界气温过低会影响牛的增重、产乳和犊牛的成活率。所以，必须做好牛舍的防寒保暖工作。一是加强牛舍保温设计。牛舍的保温隔热设计是维持牛舍适宜温度的最经济、最有效的措施。根据不同类型牛舍对温度的要求来设计牛舍的屋顶和墙体，使其达到保温要求。二是减少舍内热量散失。如采取关闭门

窗、挂草帘、堵缝洞等措施，减少牛舍热量外散和冷空气进入。三是增加外源热量。在牛舍的阳面或整个室外牛舍搭设塑料大棚。利用塑料薄膜的透光性，白天接受太阳能，夜间可在棚上面覆盖草帘，降低热能散失。对于犊牛舍，在必要时可以采暖。四是防止冷风吹袭牛体。舍内冷风可以来自墙、门、窗等的缝隙和进出气口、粪沟的出粪口，局部风速可达 4~5 米/秒，使牛舍的局部温度下降，影响牛的生产性能。冷风直吹牛体，增加牛体散热，甚至引起牛的伤风感冒。冬季到来前，要检修好牛舍，堵塞缝隙，在进出气口加设挡板，在出粪口安装插板，防止冷风对牛体的侵袭。

② 牛舍的防暑降温。夏季的环境温度高，牛舍温度更高，牛容易发生严重的热应激，轻者影响生长和生产，重者导致发病和死亡。因此，必须做好牛舍的防暑降温工作。一是加强牛舍的隔热设计。加强牛舍外围护结构的隔热设计，特别是屋顶的隔热设计，可以有效地降低舍内温度。二是环境绿化遮阳。在牛舍或运动场的南面和西面的一定距离处栽种高大的树木（如树冠较大的梧桐）或丝瓜、眉豆、葡萄、爬山虎等藤蔓植物，以遮挡阳光，减少牛舍的直接受热。在牛舍顶部、窗户的外面或运动场上拉遮光网，其遮光率可达 70%，而且使用寿命达 4~5 年。实践证明这是一种有效的降温方法。三是墙面刷白。白色反光率很强，可将牛舍的顶部及南面、西面墙面等受到阳光直射的地方刷成白色，以减少牛舍的受热度，增强光反射。可在牛舍的顶部铺放反光膜，可降低舍温 2℃ 左右。四是蒸发降温。牛舍内的温度来自太阳辐射，舍顶是主要的受热部位，因此，降低牛舍顶部热能的传递是降低舍温的有效措施。在牛舍的顶部安装水管和喷淋系统；当舍内温度过高时，可以用凉水在舍内进行喷洒、喷雾等。五是加强通风。密闭舍加强通风可以增加对流散热，必要时可以安装风机，进行机械通风。

(2) 舍内湿度的控制 湿度是指空气的潮湿程度。相对湿度是指空气中实际水汽压与饱和水汽压的百分比。牛体排泄物和舍内水分的蒸发都可以产生水汽而增加舍内湿度。

1）舍内湿度要求。封闭式牛舍空气的相对湿度以 60%~70% 为宜，最高不超过75%。

2）舍内湿度调节措施。

① 舍内相对湿度低时，可在舍内地面洒水，或用喷雾器在地面和墙壁上喷水，水的蒸发可以提高舍内湿度。

② 当舍内湿度高时，采取如下措施来降低舍内湿度。一是加大换气量。通风换气可驱除舍内多余的水汽，引入干燥的新鲜空气。二是提高舍内温度。同样的水汽含量，若温度提高，相对湿度降低。特别是在冬季或犊牛舍，加大通风换气量对舍内温度影响大，可提高舍内温度。

③ 防潮措施。保证牛舍干燥需要做好牛舍的防潮，除了选择地势高燥、排水好的场地外，可采取如下措施。一是牛舍墙基设置防潮层，新建牛舍待干燥后使用。二是确保舍内排水系统畅通，及时清理粪尿、污水。三是尽量减少舍内用水。舍内用水量大，湿度容易提高。要防止饮水设备漏水，能够在舍外洗刷的用具可以在舍外洗刷，或洗刷后的污水立即排到舍外，不要在舍内随处抛洒。四是保持舍内较高的温度，使舍内温度经常处于露点以上。五是使用垫草或防潮剂（如生石灰、草木灰），及时更换污浊、潮湿的垫草。

（3）光照的控制　光照不仅显著影响牛的繁殖，而且对牛有促进新陈代谢、加速骨骼生长及活化和增强免疫机能的作用。在舍饲和集约化生产条件下，采用16小时光照、8小时黑暗制度，育肥牛采食量增加，日增重得到明显改善。一般要求肉牛舍的采光系数为1∶16，犊牛舍的采光系数为1∶（10~14）。

（4）有害气体的消除　牛的呼吸、排泄物和生产过程的有机物分解产生的有害气体成分要比舍外空气中有害气体的成分复杂、含量高。在密闭的牛舍中，有害气体含量容易超标，可以直接或间接引起牛群发病或生产性能下降。有害气体的消除措施：一是加强场址选择和合理布局，避免工业废气污染。合理设计肉牛场和肉牛舍的排水系统及粪尿、污水处理设施。二是加强防潮管理，保持舍内干燥。有害气体易溶于水，舍内湿度大时易吸附于材料中，舍内温度升高时又挥发出来。三是适量通风。保持舍内干燥是减少有害气体产生的主要措施，通风是消除有害气体的重要方法。当严寒季节保温与通风发生矛盾时，可向舍内定时喷雾过氧化物类的消毒剂，其释放出的氧能氧化空气中的硫化氢和氨，起到杀菌、除臭、降尘、净化空气的作用。四是加强牛舍管理。在舍内地面、牛床上铺设麦秸、稻草、干草等垫料，可以吸附空气中的有害气体，并保持垫料的清洁卫生。及时清理污物和杂物，排出舍内的污水，加强环境消毒。五是加强环境绿化。六是采用化学物质消除有害气体。使用过磷酸钙、丝兰属植物提取物、沸石，以及木炭、活性炭、生石灰等具有吸附作用的物质吸附空气中的臭气。

（5）**舍内微粒的控制** 微粒是以固体或液体微小颗粒的形式存在于空气中的分散胶体。牛舍中的微粒来源于牛的活动、采食、鸣叫，饲养管理过程（如清扫地面、分发饲料、饲喂）及通风除臭等机械设备运行。微粒可以影响牛的被毛质量，引发呼吸道病和传染性疾病等。舍内微粒的消除措施：一是改善牛舍和牧场周围地面状况，实行全面的绿化，种树、种草和种植农作物等。植物表面粗糙不平、多茸毛，有些植物还能分泌油脂或黏液，能阻留和吸附空气中的大量微粒。含微粒的大气流通过林带，风速降低，大径微粒下沉，小的微粒则被吸附。林带在夏季可吸附 35.2%~66.5% 的微粒。二是保持牛舍清洁。牛舍远离饲料加工场，分发饲料和饲喂动作要轻；保持牛舍地面干净，禁止干扫；更换和翻动垫草时，动作要轻；保持舍内通风换气，必要时安装过滤设备。三是保持适宜的湿度。适宜的湿度有利于尘埃沉降。

（6）**舍内噪声的控制** 噪声来源于外界、舍内机械和牛本身。噪声可引起牛的应激，影响牛的采食、生长和繁殖。一般要求牛舍的噪声水平不超过 75 分贝。噪声的改善措施：一是选择合适的场地。牛场选在离交通干道、工矿企业和村庄等比较远的、安静的地方。二是选择噪声小的设备。三是搞好牛场的绿化。场区周围种植林带，可以有效地隔声。四是科学管理。生产过程中的各种操作要轻、稳，尽量保持牛舍的安静。

第四章
做好牛群饲养管理，向品质要效益

【提示】

做好肉牛的饲养管理和经营管理，提高肉牛的繁殖率，让肉牛长得快，生产高质量肉牛，获得更多更好的肉牛产品，才能取得较好的养殖效益。

第一节　饲养管理中的误区

一、种公牛利用误区

生产中存在种公牛利用不当的问题。采精次数过多，特别是长期过度使用（配种式采精），不仅对种公牛健康和精液品质有不良影响，还易造成种公牛未老先衰，缩短其利用年限。相反，采精次数过少或长期不使用，会降低种公牛的性反射，造成精液数量减少，甚至会使种公牛性情变坏。

二、饲养方面的误区

1. 不注重饲喂全价饲料

有些养肉牛的农户不懂饲料科学配合或不明白全价饲料的含义，或认为肉牛食性广、消化能力强，对饲料要求不高等，有啥喂啥，造成饲料营养不全或不平衡，肉牛生长缓慢。

2. 饲喂不科学

生产中存在不按时饲喂的现象，如闲时勤喂、有事少喂、农忙断顿的粗放饲养，饲料熟喂及突然更换饲料等，使肉牛产生应激反应，饲料

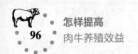

中的营养成分被破坏，影响肉牛的食欲和生长。

3. 秸秆不处理便直接喂肉牛

有的养殖户多用整捆玉米秸喂肉牛，利用率仅为30%左右。育肥户也只做到秸秆铡短，而青贮、氨化等处理秸秆新技术普及面小、使用数量少。

4. 认为精饲料喂得越多越好

肉牛属反刍动物，应该以粗饲料为主。但有的养殖户认为，精饲料喂得越多，肉牛获得的营养越足，长得越快。其实不然，给肉牛饲喂含很多精料的日粮，常导致肉牛发生消化紊乱疾病。

5. 忽视添加剂的应用

育肥牛多以酒糟、精料、秸秆为主，除补饲食盐外，其他添加剂几乎不用，影响育肥效果。

6. 忽视粗饲料的科学利用

粗饲料是养殖肉牛的重要饲料资源。有的养殖户忽视粗饲料的科学利用和非常规粗饲料的开发利用，影响肉牛养殖的效益。

7. 忽视人工种草

目前，通过种植优质牧草进行肉牛养殖越来越受到社会的关注。优质牧草可以为肉牛的生长、发育、育肥提供丰富的营养物质，并能降低其对精饲料的依赖性，减少精饲料的费用。但人们忽视优质牧草的种植，影响了肉牛的增重和生产成本的降低。

三、管理方面的误区

1. 购牛、售牛时不检疫、不隔离

有些养殖户对从农户或市场新购进的肉牛不检疫，连最起码的临床检疫也不做，更不用说一些必要的实验室检查了，这给养殖场埋下了隐患。这些情况引发的教训在有的地方不少见，牛场的规模越大隐患越大，往往会给一个牛场或一定区域带来较大的经济损失。大多数养殖场（小区）无隔离圈舍（区），有的牛场连简单的疥癣病也会造成流行，从而造成较大的损失。

2. 不刷拭牛体、不修蹄

为促进肉牛皮肤的新陈代谢，提高肉牛的产肉性能，必须坚持刷拭牛体。受营养及环境因素的影响，不少肉牛会出现畸形蹄、蹄部腐烂病等，影响肉牛的正常运动和产肉性能。因此，要进行检蹄、修蹄。但在生产中，许多养殖户不刷拭牛体、不修蹄，影响了肉牛的健康和生长。

3. 不分群饲养

肉牛的年龄、体格大小对饲养管理水平和饲草料营养的需要不同，但有的养殖户将公牛和母牛混养，这往往导致肉牛增重慢、伤残多、淘汰率高；母牛妊娠和产犊时间不详，产活率低，犊牛品种和品质均差，养肉牛效益下降。有的养殖户将大小肉牛同圈饲养，造成肉牛以大欺小、以强欺弱甚至撕咬，不仅不利于小肉牛和弱肉牛的生长，而且不能按肉牛年龄特点合理供料。

4. 不定期称重

为了及时了解肉牛的育肥效果，需定时称重，并根据增重情况调整饲料和饲喂量。但在实际生产中许多肉牛场不定期称重，甚至不称重。

5. 养肉牛不驱虫

养肉牛驱虫常被忽视，甚至一些肉牛育肥场也不搞驱虫。肉牛在放牧时由于采食牧草和接触地面，体内外常感染多种皮蝇蛆，若不驱虫，皮张价值会降低1倍多，寄生虫严重时会造成肉牛死亡。

6. 忽视日常管理

许多养殖户忽视肉牛管理，牛舍大都比较简陋，育肥牛舍温度偏低，肉牛每天排出的粪尿清理不及时，舍内阴暗潮湿，常年不刷拭牛体，常年将肉牛拴在舍内，不运动、不晒太阳等，严重影响了肉牛的增重。

7. 忽视夏季管理

夏季天气炎热，蚊蝇大量滋生，如果管理不善，会严重影响肉牛的采食和休息。在生产中，人们往往忽视肉牛的夏季管理，如降温措施不力、饲喂方法不当等，使肉牛增重缓慢。

8. 忽视规范化饲养管理

规范化饲养管理可以形成一套稳定的饲养管理程序，减少肉牛的应激，提高劳动效率和生产水平。但在生产中，人们忽视规范化管理，随意性大，影响了肉牛的生长。

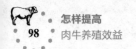
第二节　提高饲养管理效益的主要途径

一、提高肉牛的繁殖率

1. 肉牛的繁殖管理

（1）牛的繁殖特性

1）初情期。初情期是指母牛初次发情（公牛是出现性行为）和排卵（公牛是能够射出精子）的时间。牛到达初情期，虽然可以产生精子（公牛）或排卵（母牛），但性腺仍在继续发育，没有达到正常的繁殖力，这个时期的母牛发情周期不正常，公牛精子产量很低。这个时候的牛还不能进行繁殖利用。牛的初情期为6~12月龄，公牛略迟于母牛。由于品种、遗传、营养、气候和个体发育等因素的影响，初情期的年龄也有一定的差异。

2）性成熟。性成熟就是指母牛的卵巢能产生成熟卵子、公牛的睾丸能产生成熟精子的现象。这个时期牛的年龄（一般用月龄表示）叫作牛的性成熟期。性成熟期的早晚因品种不同而有所差异。培育品种的性成熟期比原始品种的早，公牛一般为9月龄，母牛一般为8~14月龄。秦川牛的母牛性成熟年龄平均为9.3月龄，而公牛则在12月龄左右。

3）适配年龄。家畜性成熟期配种虽能受胎，但因此时其身体尚未完全发育成熟，即未达到体成熟，势必影响母体及胎儿的生长发育和新生仔畜的存活，所以，在生产中一般选择在性成熟后一定时期才开始配种。适宜配种的年龄叫适配年龄。适配年龄应根据牛的生长发育情况和使用目的而定，一般比性成熟期晚一些。在开始配种时，牛的体重应达到其成年体重的70%左右，体高达成年的90%，胸围达到成年的80%。牛在2~3岁时生长基本完成，可以开始配种。

4）繁殖年限。繁殖年限指公牛用于配种的使用年限或母牛能繁殖后代的年限。公牛的繁殖年限一般为5~6年，7年后的公牛性欲显著降低，精液品质下降，应该淘汰；母牛的繁殖年限一般在13~15岁（11~13胎），老龄牛泌乳性能下降，经济价值降低。

（2）母牛的发情与发情鉴定

1）母牛的发情周期与排卵。

① 发情周期。发情周期指母牛性活动表现的周期性。母牛出现第一次发情以后，其生殖器官及整个机体的生理状态有规律地发生一系列周期性变化，这种变化周而复始，一直到停止繁殖的年龄为止，称为发情的周期性变化。相邻两次发情的间隔时间为一个发情周期。成年母牛的平均发情周期为 21 天（18~25 天）；育成母牛的平均发情周期为 20 天（18~24 天）。根据母牛在发情周期中的生殖器官和外部表现的变化，将一个发情周期分为发情期、发情后期、休情期和发情前期（表 4-1）。

表 4-1　牛的发情周期及表现

发情周期	表现
发情前期	发情前期是下次发情的准备阶段。随着黄体的逐渐萎缩、消失，新的卵泡开始发育，卵巢稍变大，雌激素含量开始增加，生殖器官开始充血，黏膜增生，子宫颈口稍有开放，但尚无性表现。该时期持续 1~3 天
发情期	发情期也叫发情持续期，指从发情开始到发情结束的时期，一般为 18 小时（6~36 小时）。该时期母牛表现为性冲动、兴奋、食欲减退等
发情后期	母牛由性冲动逐渐进入安静状态，卵巢上出现黄体并逐渐发育成熟，黄体酮（孕酮）分泌量逐渐增加，有 90% 的育成母牛和 50% 的成年母牛会从阴道流出少量的血。该时期持续 3~4 天
休情期（间情期）	外观表现为相对生理静止时期，母牛的精神状态恢复正常，黄体由成熟到略微萎缩，黄体酮的分泌量由增长到逐渐下降。该时期为 12~15 天

② 排卵时间。成熟的卵泡凸出卵巢表面并破裂，卵母细胞、卵泡液及部分卵细胞一起排出，称为排卵。正确地估计排卵时间是保证适时输精的前提。在正常营养水平下，约 76% 的母牛在发情开始后 21~35 小时或发情结束后 10~12 小时排卵。

③ 产后发情的出现时间。产后第 1 次发情距分娩的平均时间为 63 天（40~110 天）。母牛在产犊后继续哺乳，会有相当数量的个体不发情。在营养水平低下时，通常会出现隔年产犊的现象。

④ 发情季节。牛是常年、多周期发情动物，正常情况下可以常年发

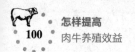

情、配种。但由于营养和气候因素，在我国北方地区，母牛在冬季很少发情。大部分母牛是在牧草丰盛季节（6~9月）、膘情恢复后，集中出现发情。这种非正常的生理反应可以通过提高饲养水平和改善环境条件来克服。

2）发情鉴定。发情鉴定是通过综合的发情鉴定技术来判断母牛的发情阶段，确定最佳的配种时间，以便及时进行人工授精，达到用较少的输精次数和精液消耗量最大限度地提高配种受胎率的目的。通过发情鉴定，不仅可以判断母牛是否发情及发情所处的阶段，以便适时配种，提高母牛的受胎率、减少空怀率，而且可以判断母牛的发情是否异常，以便发现问题，及时预防，也可为妊娠诊断提供参考。

① 外部观察法。母牛外表兴奋，举动不安，尤其在圈舍内表现得更为明显。经常哞叫，眼光锐利，感应刺激性提高；叉开后腿，频频排尿；食欲减退，反刍的时间减少或停止。在运动场成群放牧时，常常爬跨其他牛，也接受其他牛爬跨。被爬跨的牛如发情，则站着不动，并举尾；如不是发情牛，则弓背逃走。发情牛爬跨其他牛时，阴门搐动并滴尿，具有与公牛交配的动作。其他牛常嗅发情牛的阴唇，发情母牛的背腰和臀部有被爬跨所留下的泥土、唾液，有时被毛弄得蓬松不整，外阴部肿大充血，在尾上端阴门附近，可以看到黏液分泌物的结痂，或有透明黏液从阴门流出。发情强烈的母牛体温略有升高（升高0.7~1℃）。

母牛的发情表现虽有一定的规律性，但由于内外因素的影响，有时表现得不太明显或欠规律性。因此，在用外部观察法判断发情的同时，对于看似发情但又不能肯定的征状不太明显的母牛，可结合直肠检查法或其他方法进一步诊断。

② 试情法。应用公牛或喜爱爬跨的母牛对母牛进行试情，根据母牛性欲反应及爬跨情况来判断母牛的发情程度。该方法简单易行，特别适用于群牧的繁殖牛群。为了清楚地判断试情情况，需要给公牛或母牛安装特殊的颜料标记装置。一种是颌下钢球发情标志器。该装置是由一个具有钢球活塞阀的球状染料库固定于一个扎实的皮革笼头上构成的，染料库内装有一种有色染料。使用时，将该装置系在试情公牛的颌下，当它爬跨发情母牛的时候，活动阀门的钢球碰到母牛的背部，于是染料库内的染料流

出，印在母牛的背上，据此便可得知该母牛发情，即被爬跨。另一种是卡马氏发情爬跨测定器。该装置是由一个装有白色染料的塑料胶囊构成的。使用时，先将母牛尾根上的皮毛洗净并梳刷，再将该鉴定器粘于牛的尾根上。粘着时，注意塑料囊箭头要向前，不要压迫胶囊，以免引起其变红色。当母牛发情时，试情公牛爬于其上并施加压力于胶囊上，胶囊内的染料由白色变为红色，根据颜色变化程度来推测母牛接受爬跨的安定程度。

当然，除安装标记装置外，结合实际情况，也可以就简处理。例如，有的用粉笔涂擦于母牛的尾根上，如母牛发情时，公牛爬跨其上而将粉笔痕迹擦掉。有的将胸前涂上颜色的试情公牛放在母牛群中，凡经爬跨过的发情母牛，其尾部或背部都会留下标记。

③ 直肠检查法。一般正常发情的母牛外部表现比较明显，排卵有一定的规律。但由于品种及个体间的差异，不同的发情母牛排卵时间可能提前或延迟。为了确定母牛发情时子宫和卵巢的变化，除进行试情及外部观察外，还需进行直肠检查。

直肠检查的操作方法如下：首先将被检母牛进行安全保定，一般可在保定架内进行，以确保人、畜安全。检查者要把指甲剪短、磨光，洗净手臂并涂上润滑剂。检查者先用手抚摸母牛的肛门，然后将五指并拢成锥状，以缓慢的旋转动作伸入肛门，掏出粪便；再将手伸入肛门，手掌展平，掌心向下，按压抚摸；在骨盆腔底部，可摸到一个长圆形的质地较硬的棒状物，即为子宫颈；再向前摸，在正前方可摸到一个浅沟，即为角间沟；沟的两旁为向前下弯曲的两例子宫角，沿着子宫角大弯向下并稍向外侧，可摸到卵巢。用手指检查其形状、粗细、大小、反应及卵巢上卵泡的发育情况，以此来判断母牛的发情。

发情母牛的子宫颈稍大、较软。由于子宫黏膜水肿，子宫角增大，子宫收缩反应比较明显，子宫角坚实。不发情的母牛子宫颈细而硬，子宫较松弛，触摸不太明显，收缩反应差。

大型、中型成年母牛的卵巢长为 3.5~4.0 厘米、宽为 1.5~2.0 厘米、高为 2.0~2.5 厘米。成年母牛的卵巢较育成牛的大。卵巢的表面有小凸起，质地坚实。卵巢中的卵泡光而圆，中型以上母牛发情时卵泡最

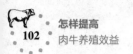
大直径为 2.0~2.5 厘米。实际上，卵泡埋于卵巢中，它的直径比所摸到的要大。母牛发情初期的卵泡直径为 1.2~1.5 厘米，其表面凸出光滑，触摸时略有波动。在排卵前 6~12 小时，由于卵泡液的增加，卵泡紧张度增加，卵巢体积也有所增大。到卵泡破裂前，其质地柔软，波动明显。排卵后，原卵泡处有不光滑的小凹陷，以后就形成黄体。

在母牛发情的不同时期，其卵巢上卵泡的发育表现出不同的变化规律。卵泡发育一般分为 5 个时期（表 4-2）。

表 4-2　母牛在发情的不同时期卵泡发育变化规律

时期	变化规律
Ⅰ（卵泡出现期）	卵巢稍增大，卵泡直径为 0.5~0.75 厘米，触诊时为软化点，波动不明显。母牛在这时已开始出现发情
Ⅱ（卵泡发育期）	卵泡增大到 1~1.5 厘米，呈小球状，波动明显。该时期母牛发情外部表现为明显—强烈—减弱—消失过程，全期持续 10~12 小时
Ⅲ（卵泡成熟期）	卵泡不再增大，卵泡壁变薄，弹性增强，触摸时有一压就破的感觉。该时期持续 6~8 小时，发情表现完全消失
Ⅳ（排卵期）	卵泡破裂，排卵，泡液流失，泡壁变得松软，成为一个小的凹陷
Ⅴ（黄体形成期）	排卵 6 小时后，在原来卵泡破裂处，可摸到一个柔软的肉样凸体，这是黄体。以后黄体呈不大的面团块状凸出于卵巢表面

在做直肠检查时，要注意卵泡与黄体的区别，卵泡的成长过程是进行性变化的，即由小到大、由硬到软、由无波动到有波动、由无弹性到有弹性。而黄体则是退行性变化的，发育时较大、较软，到退化时期愈来愈小、愈来愈硬。正常的卵泡与卵巢连接处光滑、无界线，而黄体像一个条状凸起，凸出于卵巢表面，与卵巢连接处有明显的界线。

④ 阴道检查法。用开膛器打开母牛阴道，通过观察阴道黏膜的颜色和湿润程度来检查母牛发情与否。发情母牛阴道黏膜充血、潮红，表面光滑而湿润，子宫颈外口充血，松弛，柔软开张，排出大量的透明黏液，呈很长的黏液线垂于阴门之外，不易扯断。母牛发情初期，黏液较稀薄，随着发情时间的推移，逐渐变稠，量也由少变多；到发情后期，黏液量逐渐减

少且黏性差。不发情的母牛阴道黏膜苍白、干燥，子宫颈口紧闭。

阴道检查法的具体操作方法：保定好待检母牛，将其尾巴用绳子拴向一边，外阴用 0.1% 的新洁尔灭溶液清洗消毒，之后用干净纱布揩干。把消毒后的开膣器轻轻插入母牛阴道，打开开膣器后，通过反光镜或手电筒光线检查阴道变化。应特别注意阴道黏膜的色泽及湿润程度，子宫颈部的颜色和形状，黏液的量、黏度和气味，以及子宫颈口是否开张及开张程度。

【注意】

　　　　在整个操作过程中，消毒要严密，操作要仔细，防止粗暴。

⑤ 激素测定法。母牛在发情时，黄体酮水平降低，雌激素水平升高。应用酶免疫测定技术或放射免疫测定技术测定血液、奶样或尿中雌激素或孕激素水平，便可进行发情鉴定。目前，国外已有十余种发情鉴定或妊娠诊断用酶免疫测定试剂盒供应市场，只需按说明书进行操作，加适量的受检牛血样、奶样或尿样及其他试剂，根据反应液颜色可方便地得出发情鉴定结果。

⑥ 抹片法。对发情母牛的子宫颈黏液进行抹片镜检，如果呈羊齿植物状结晶花纹，花纹较典型，长列而整齐，并且保持时间较久（达数小时以上），其他杂质如白细胞、上皮细胞等很少，这是发情盛期的表现。如果结晶结构较短，呈现金鱼藻或星芒状，保持时间较短，且白细胞较多，这是进入发情末期的标志。因此，根据子宫颈黏液抹片的结晶状态及其保持时间的长短可判断发情的时期，但并非完全可靠。

3）异常发情。母牛异常发情多见于初情期后、性成熟前及繁殖季节开始阶段，也可能因营养不良、内分泌失调、疾病及环境温度突然变化等引起异常发情。常见的异常发情有以下几种：

① 隐性发情。外部征状不明显，一般难以看出，但卵巢上的卵泡正常发育成熟而排卵。当母牛产后第一次发情，年老体弱的母牛或营养状况差时易发生隐性发情。在生产实践中，当发现母牛连续两次发情之间的间隔相当于正常发情间隔的 2~3 倍，即可怀疑中间有隐性发情。

② 短促发情。由于发育的卵泡迅速成熟并破裂排卵，也可能是卵泡突

然停止发育或发育受阻而缩短了发情期。如不注意观察，就极容易错过配种期。这种现象与炎热的气候有关，多发生在夏季，也与卵泡发育停止或发育受阻有关。年老体弱的母牛或初次发情的青年牛易发生这种情况。

③ 假发情。假发情母牛只有外部发情征状明显，但卵巢上无卵泡发育，不排卵，一般分为两种情况：一种情况是母牛妊娠后又出现爬跨其他牛的现象，而通过阴道检查发现子宫颈口不开张，无松弛和充血现象，无发情分泌物，直肠检查能摸到子宫增大和胎儿等特征；另一种情况是患有卵巢机能失调或有子宫内膜炎的母牛，也常出现假发情。

④ 持续发情。持续发情是发情频繁而没有规律性。发情时间超过正常发情周期或明显短于正常发情周期。主要是排卵不规律、生殖激素分泌紊乱所致，分两种情况：一种情况是由卵巢囊肿而引起，这种母牛有明显的发情征状，卵巢上有卵泡发育，但迟迟不成熟，不能排卵，而且卵巢继续增大、肿胀，甚至造成整个卵巢囊肿，充满卵泡液，由于卵泡过量分泌雌激素而使母牛持续发情；另一种情况是左右两个卵巢交替出现卵泡发育，交替产生大量雌激素而使母牛延续发情。母牛持续发情时，发情持续期延长，有的母牛可以长达3天以上。

⑤ 不发情。母牛不发情的原因有很多，如营养不良或气候因素影响，母牛生殖器官具有先天性缺陷，母牛患有卵巢、子宫疾病或其他疾病等。此外，产后哺乳期的母牛一般发情较迟。对不发情的母牛应该仔细检查，从加强饲养管理和治疗疾病两方面采取措施。

4）影响母牛发情的因素及特点见表4-3。

表4-3　影响母牛发情的因素及特点

影响因素	特点
自然因素	母牛一年四季均可发情，但发情持续时间的长短受到气候因素的影响。高温季节，母牛发情持续期明显比其他季节短
营养水平	营养水平对于母牛的初情期和发情期影响很大。从某种程度上来说，自然环境对母牛发情持续期的影响是由营养水平变化决定的。一般情况下，良好的饲养水平可增加母牛的生长速度，使母牛的体成熟提早，也可加强母牛的发情表现。但营养水平过高，母牛过肥会导致发情特征不明显或间情期长

（续）

影响因素	特点
饲草种类	在母牛采食的饲料中，有些植物可能有影响母牛的初情期和经产母牛再发情的某种物质。如豆科木草中含有一种植物雌激素，当母牛长期采食豆科牧草，母牛流产率增多，乳房及乳头发达，导致母牛的繁殖力降低
饲养管理	母牛产前饲喂低能饲料、产后饲喂高能饲料可以缩短第一次发情间隔。如果产前喂以足够的能量，而产后喂以低能量，则第一次发情间隔延长，有一部分母牛在产犊后长时间内不发情。同时尽可能采取提早断奶法，让母牛提前发情

（3）母牛的配种时间和方法

1）配种时间。母牛适宜输精的时间在发情开始后 9～24 小时，两次输精间隔为 8～12 小时。通常母牛发情持续期为 18 小时，母牛在发情结束后 10～15 小时排卵。卵子存活时间为 6～12 小时，卵子到达受精部位需 6 小时。精子进入受精部位需 0.25～4 小时，精子在生殖道内保持受精能力的时间为 24～50 小时，精子获能时间需 20 小时。

母牛多在夜间排卵。在生产中，应在夜间或清晨输精，避免气温高时输精，尤其是在夏季，以提高受胎率。对于老、弱母牛，因发情持续期短，配种时间应适当提前。

母牛产后第一次发情一般在 40 天左右或 40 天以上，这与营养状况有很大关系。一般在产后第 2～4 个发情期（即产犊后 60～100 天）配种易受胎，应抓住时机，及时配种。

2）配种方法。配种方法有自然交配和人工授精两种方法。

① 自然交配（本交）。指公牛、母牛之间直接交配。用这种方法配种，公牛的利用率低，饲养管理成本也高，且易传染疾病，一般生产上不宜采用。随着科技的发展，自然交配已被人工授精替代。

② 人工授精。通过人工采集公牛精液，经质量检查后，对精液进行稀释、处理和冷冻，再用输精器将精液输入母牛的生殖道内，使母牛排出的卵子受精后妊娠，最终产下牛犊。人工授精技术可提高优良公牛的配种效率（一头公牛可配 6000～12000 头母牛）、加速了母牛育种工作进程和繁殖改良速度（使用优质肉公牛可以生产出优良的后代）、提高了

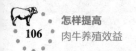

配种母牛的受胎率，避免了生殖器官直接接触造成的疾病传播。

(4) 牛的人工授精操作

1) 采精。只有认真做好采精前的准备、正确掌握采精技术、科学安排采精频率，才能获得量多质优的精液。

① 采精前的准备。

采精场地的准备：采精要有一定的采精环境，以便使公牛建立起巩固的条件反射，同时防止精液污染。采精场应选择或建立在宽敞、平坦、安静、清洁的房子中，不论什么季节或天气均可照常进行工作，并且温度易控制。采精室应明亮、清洁、地面平坦且防滑，宜采用水泥地面，并铺设防滑垫，室内设有采精架，以保定台牛或设立假台牛，供公牛爬跨，从而便于采精。室内采精场的面积一般为 10 米×10 米，并附设喷洒消毒和紫外线照射灭菌设备。

假阴道的准备：假阴道是一筒状结构，主要由外壳、内胎和集精杯三部分组成。外壳为一硬橡胶圆筒，上有注水孔；内胎为弹性强、薄而柔软无毒的橡胶筒，装在外壳内，构成假阴道内壁；集精杯由暗色玻璃或塑料制成，装在假阴道的一端。外壳和内胎之间可装温水和吹入空气，以保持适宜的温度（38~40℃）和压力。

假阴道使用前，需进行检查、安装、保温（38~40℃）备用。假阴道安装步骤如下：首先安装内胎并消毒。将内胎放入外壳，使露出两端的内胎长短相等，翻转在外壳上，用胶圈固定。接着，用 65%~70% 的酒精，按照先集精瓶端、后阴茎入口的顺序擦拭。在采精前，用生理盐水冲洗，最后，装上集精杯。然后注水，将假阴道直立，水面达到中心注水孔即可，采精时内胎温度应达到 40℃。再涂润滑剂，润滑剂多用灭菌的白凡士林，在早春或冬季，可用 2：1 的白凡士林与液状石蜡的混合剂，涂抹深度约为假阴道全长的 1/2。最后调节压力，从活塞注入空气，使假阴道入口闭合为放射状三条缝时才算适度。

假阴道每次使用后应清洗干净，并用 75% 的酒精或紫外线灯进行消毒。有条件时，玻璃及金属器械可用高压灭菌锅消毒。

台牛的准备：台牛可用发情母牛、去势公牛。采精前，台牛的臀部、外阴部和尾部必须消毒。先用2%的来苏尔溶液擦拭，然后用净水冲洗，最后擦干。采精时，台牛要固定在采精架内，保持周围环境安静。

用假台牛采精则更为方便且安全可靠。假台牛可用木材或金属材料制成，要求大小适宜、坚实牢固、表面柔软而干净，用牛皮伪装。采精前，先对公牛进行调教，使其建立条件反射。

种公牛的准备：种公牛平时的饲养管理要良好。采精前，用温水对种公牛的阴茎、龟头和下腹部进行冲洗并消毒。若阴茎周围有长毛，应进行修剪。

采精人员的准备：采精人员技术熟练，要相对固定。采精人员对种公牛的个体习性比较熟悉，可确保种公牛射精充分。

② 采精技术。一种理想的采精方法应具备下列条件：可以全部收集公牛一次射出的精液；不影响精液品质；公牛的生殖器官和性机能不会受到损伤或影响；器械用具简单，使用方便。多采用假阴道法采精。假阴道法是利用模拟母牛阴道环境条件的人工阴道，诱导公牛射精而采集精液的方法。

采精员站于台牛的右后侧，当公牛爬跨时，采精员右手持假阴道以与地面成30度角固定在台牛臀部，左手握公牛包皮，将阴茎导入假阴道，让其自然插入，射精后随公牛下落，阴茎慢慢回缩后自动脱落。采精前可使公牛空爬跨1次或2次。

利用假台牛采精时，最好将假阴道安放到假台牛的后躯内。种公牛爬跨假台牛而在阴道内射精，这是一种比较安全而简单的方法。但实践中常采用手持假阴道采精法。

值得注意的是，公牛对假阴道的温度感应比压力更为灵敏，因此，温度要更准确。而且公牛的阴茎非常敏感，在向假阴道内导入阴茎时，只能用掌心托着包皮，切勿用手直接抓握伸出的阴茎。同时，牛交配时间短促，只有数秒钟，当公牛向前一冲后即行射精。因此，采精动作力求迅速、敏捷、准确，并防止阴茎突然弯折而损伤。

③ 采精频率。采精频率是指每周对公牛的采精次数。为了既最大限度地采集公牛精液，又维持其健康况和正常生殖机能，必须合理安排采精频率。1头种公牛1周内采精次数在2~3次，或1周采1次，但须连续采

集 2 个批次的射精量。对于科学饲养管理的体壮公牛，每周采精 6 次，不会影响其繁殖力。青年公牛的采精次数应酌减。随意增加采精次数，不仅会降低精液品质，而且会造成公牛生殖机能下降和体质衰弱等不良后果。

2）精液品质检查。通过对精液品质的检查，可判定精液品质的优劣及在稀释、保存过程中精液品质的变化情况，以便决定能否用于输精或冷冻。精液品质检查的主要项目有：外观和精液量；精子密度；精子活率；精子形态。

3）精液的稀释和保存。精液稀释后，扩大了精液量，可提高优良种公牛的利用率。如 1 次采出 4~6 毫升精液，按原精液进行输精，1 头母牛的输精量为 1 毫升，则只能输给 4~6 头母牛。而稀释后的精液可以输给 50~160 头母牛。稀释液中含有营养物质和缓冲物质，可以补充营养、中和精子代谢产物，防止精子受低温打击，延长精子的存活时间。

4）输精。

① 输精前的准备。牛用玻璃或金属输精器可用蒸汽、75%酒精或放入高温干燥箱内消毒；输精胶管因不宜高温，可用酒精或蒸汽消毒。宜为每头母牛准备一支输精器。输精器在使用前用稀释液冲洗 2 次。

② 母牛的准备。将接受输精的母牛固定在六柱栏内，尾巴固定于一侧，用 0.1%的新洁尔灭溶液对外阴部清洗消毒，再用酒精棉球擦拭。

③ 输精员的准备。输精员要身着工作服，指甲要剪短磨光，戴一次性直肠检查手套或手臂洗净擦干后用 75%的酒精消毒，待完全挥发干再持输精器。

④ 精液的解冻与检查。

颗粒冷冻精液的解冻：用于颗粒冷冻精液解冻的稀释液要另配。解冻前，先要配制解冻稀释液，一般常用的是 2.9%的柠檬酸钠溶液、维生素 B_{12}（0.5 毫升）溶液、葡柠液（葡萄糖 3%、二水柠檬酸钠 1.4%）。各种解冻稀释液均可分装于玻璃安瓿瓶中，经灭菌后长期备用。解冻时，先取 1~1.5 毫升解冻稀释液，放入小试管内，在 40℃的水中经 2~3 分钟水浴后，投入 1 粒或 2 粒精液颗粒。待融化 1 小时，取出精液试管。在常温下轻轻摇动试管，至精液颗粒完全解冻后，检查评定精子活率，然后进行输精。

细管冷冻精液的解冻：细管冷冻精液不需要解冻稀释液。解冻的方法有四种：第一种是从液氮罐内迅速取出一支细管冷冻精液，立即投入40℃温水中；第二种是放在室温下自然融化；第三种是握在手中或装在衣袋里，靠体温融化；第四种是将细管冷冻精液装在输精器上直接输精，靠母牛阴道和子宫颈的温度来融化。对细管冷冻精液进行品质检查，可按批抽样测定，不需对每支精液都检查。

冷冻精液的检查：对于冷冻精液质量的检查，一般是在解冻后进行。检查的主要指标有：精子活率、精子密度、精子畸形率及顶体完整率和存活时间等。要求各项指标符合用于输精的冷冻精液的要求，方可用于配种，否则弃之。牛冷冻精液质量的国家标准《牛冷冻精液》（GB 4143—2008）主要指标见表4-4。

表4-4 兼用牛、肉牛和黄牛的冷冻精液产品国家标准

指标	标准
剂型	细管、颗粒和安瓿
剂量	细管：中型0.5毫升，微型0.25毫升。颗粒：0.1毫升±0.01毫升。安瓿：0.5毫升
精子活力	解冻后的活力，即呈直线前进运动的精子百分率（下限）为30%（即0.3）；精子复苏率（下限）为50%
每一剂量解冻后呈直线前进运动的精子数	细管：每支（下限）1000万个。颗粒：每粒（下限）1200万个。安瓿：每支（下限）1500万个
解冻后的精子畸形率	（上限）20%
解冻后的精子顶体完整率	（下限）40%
解冻后的精液无病原性微生物	每毫升中细菌菌落数（上限）为1000个
解冻后的精子存活时间	在5~8℃储存时（下限）为12小时，在37℃储存时（下限）为4小时

精液解冻注意事项：一是冷冻精液宜临用时现解冻，应立即输精。解冻后至输精之间的时间最长不得超过1或2小时，其中，细管冷冻精

液应在 1 小时之内，颗粒冷冻精液应在 2 小时之内；二是解冻时事先预热好解冻试管及解冻稀释液，再快速由液氮容器内取出 1 粒（支）冷冻精液，尽快融化解冻；三是解冻时切忌在精液内混入水或其他不利于精子生存的物质，同时避免刺激气味（如农药）等对精子的不良影响；四是解冻时要恰当掌握冷冻精液的融化程度，时间不能过长，否则影响精子的受精能力；五是冷冻精液解冻后需要做短时间保存时，应采用含卵黄的解冻液，以 10~15℃ 水温解冻，逐渐降到 2~6℃ 环境中保存。保存温度要恒定，切忌温度升高。精液解冻后必须保持所要求的温度，严防在操作过程中温度出现回升或回降。

⑤ 输精时机。冷冻精液输入母牛生殖道以后，其存活时间大大缩短。这就给选定输精时机提出了更高的要求。输精时间过早，待卵子排出后，精子已衰老死亡；输精过晚，排卵后输精的受胎率又很低。所以，使用冷冻精液输精的时间应当比使用新鲜精液适当推迟一些，输精间隔时间也应该短一些。母牛的输精时机宜在发情中后期，发现母牛接受爬跨静立不动后 8~12 小时输精。在生产实践中一般这样掌握输精时机：早晨（9：00 以前）发情的母牛，当日晚上输精；中午前后发情的母牛，当日晚上输精；下午（14：00 以后）发情的母牛，次日早晨输精。

⑥ 输精方法。目前给母牛输精常用的方法是直肠把握子宫颈输精法。术者左手臂上涂擦润滑剂后，左手呈楔形插入母牛直肠，触摸子宫、卵巢、子宫颈的位置，并令母牛排出粪便，然后对母牛的外阴部消毒。为了使输精器在插入阴道前不被坽染，可先将左手四指留在肛门后，向下压拉肛门下缘，同时左手拇指压在阴唇上并向上提拉，使阴门张开，右手趁势将输精器插入阴道。左手再进入直肠，摸清子宫颈后，左手心朝向右侧，握住子宫颈，无名指平行握在子宫颈外口周围。这时要把子宫颈外口握在手中，假如握得太靠前，会使颈口游离下垂，造成输精器不易对上颈口。右手持装有精液的输精器，向左手心中深插，输精器即可进入子宫颈外口。然后，多处转换方向并向前探插，同时用左手将子宫颈前段稍作抬高，并套向输精器。输精器通过子宫颈管内的硬皱襞时，会有明显的感觉。当输精器一旦越过子宫颈皱襞，立即感到畅通

无阻，这时即抵达子宫体处。当输精器处于子宫颈管内时，手指是摸不到的。输精器一旦进入子宫体，即可很清楚地触摸到输精器的前段。确认输精器进入子宫体时，应向后抽退一点，勿使子宫壁堵塞住输精器尖端出口处，然后缓慢地、顺利地将精液注入，再轻轻地抽出输精器。

⑦ 输精时的注意事项。一是进行输精操作时，若母牛努责过甚，可采用喂给饲草、捏腰、拍打眼睛、按摩阴蒂等方法使之缓解。若母牛直肠显罐状时，可将手臂在直肠中前后抽动，以促使其松弛。二是操作时的动作要谨慎，防止损伤子宫颈和子宫体。三是输精部位深度要合适。向子宫颈深部、子宫体、子宫角等不同部位输精的受胎率没有显著差别。但是，输精部位过深容易引起子宫感染或损伤，所以，采取子宫颈深部或子宫体输精的方法是比较安全的。

（5）妊娠及其鉴定

1）妊娠母牛的生理变化。母牛配种后，精子在自身尾部摆动及生殖道蠕动作用下向输卵管壶腹部运动，并在此与卵巢排出的卵子相结合，形成一个受精卵。从受精卵形成开始到分娩结束的这段时间叫妊娠期。母牛妊娠后，其生理及形态会发生相应的变化（表4-5）。

表 4-5　妊娠母牛生理及形态的变化

部位	变化
卵巢	母牛妊娠后，卵巢上的黄体成为妊娠黄体，并以最大体积持续存在于整个妊娠期
子宫	随着妊娠期延长，子宫体和子宫角随胚胎的生长发育而相应扩大。在整个妊娠期内，孕角的增长速度远大于空角，所以孕角始终大于空角。在妊娠前半期，子宫体积增长速度快于胎儿生长速度，子宫壁变得较原来肥厚。至妊娠后半期，子宫的增长速度不及胎儿及胎水增长快，因而子宫壁被动扩张而变薄。妊娠后，子宫血流量增加，血管扩张变粗，尤其是动脉血管内膜褶皱变厚，加之和肌肉层的联系疏松，使原来间隔明显的动脉脉搏变为间隔不明显的颤动（孕脉）
乳房	妊娠开始后，在黄体酮和雌激素作用下，乳房逐渐变得丰满，特别是到妊娠中后期，这种变化尤为明显。到分娩前几周，乳房显著增大，能挤出少量乳汁

（续）

部位	变化
营养状况	妊娠母牛新陈代谢旺盛，食欲增加，消化能力提高，营养状况改善，毛色变得光润。随着胎儿、胎水的增长，母牛体重增加。妊娠后期，胎儿急剧生长，母牛要消耗在妊娠前期所积蓄的营养物质，以满足胎儿生长发育的需要。如果饲养管理不当，母牛会逐渐消瘦；如果饲料中缺钙，母牛就会动用自身骨骼中的钙来满足胎儿发育的需要。缺钙严重时，会使母牛后肢跛行，牙齿磨损得较快
其他	随着胎儿逐渐增大，母牛腹内压力升高，内脏器官的容积减小，因而排粪、排尿次数增加，但量减少。由于胎儿增大、胎水增加，母牛腹部膨大，且孕侧比空侧凸出。至妊娠后半期，母牛的行动变得比较笨重、缓慢、谨慎，且易疲劳和出汗。有些母牛至妊娠后期，巨大的子宫压迫后腔血管，使血液循环受阻，常可见到母牛的下腹部和后肢出现水肿

2）妊娠诊断。通过妊娠诊断可以确定母牛是否妊娠，以便对已妊娠者加强饲养管理，对未妊娠者找出原因，及时补配，从而提高母牛的繁殖率。由于准确的受精时间很难确定，故常从最后一次受配或有效配种之日算起，母牛的平均妊娠期为285天（260~290天），不同品种之间略有差异。对于肉牛妊娠期的计算（按妊娠期280天计）："月减3，日加6"即为预产期。妊娠诊断方法如下：

① 外部观察法。对配种后的母牛在下一个发情期到来前后，注意观察其是否再次发情，如不发情，则可能受胎。但这并不完全可靠，因为有的母牛虽然没有受胎，但在发情时表现不明显（安静发情/暗发情）或不发情。而有的母牛虽已受胎，但仍有发情表现（假发情）。另外，观察其行为、食欲、营养状况及体态等，对妊娠诊断也有一定的参考价值。

② 阴道检查法。妊娠母牛阴道黏膜变得苍白，比较干燥。妊娠1~2个月时，子宫颈门附近即有黏液，但量尚少；至妊娠3~4个月后，黏液很明显，并变得黏稠，呈灰白或灰黄色，如同稀糊；以后黏液逐渐增多，黏附在整个阴道壁上。附着于开膣器上的黏液呈条纹或块状。至妊娠后半期，可以感觉到阴道壁松软、肥厚，子宫颈位置前移，且往往偏于一侧。

③ 直肠检查法。直肠检查法是判断母牛是否妊娠的最基本、最可靠

的方法。妊娠 2 个月左右，可以做出正确判断。如果直肠检查操作人员经验丰富和记载详细，在 1 个月左右就可诊断。

首先摸到子宫颈，再将中指向前滑动，寻找角间沟。然后，将手向前、向下、向后，试着把两个子宫角都掌握在手内，分别触摸。经产母牛的子宫角有时不呈绵羊角状，而是垂入腹腔，不易全部摸到。这时可先握住子宫颈，将子宫颈向后拉，然后手带着肠管迅速向前滑动，握住子宫角，这样逐渐向前移，就能摸清整个子宫角。之后，再在子宫角尖端外侧或下侧寻找卵巢。

寻找子宫动脉的方法：将手掌贴骨盆顶向前移，越过岬部（荐骨前端向下凸起的地方）以后，可清楚地摸到腹主动脉的两个粗大分支——髂内动脉。子宫中动脉和脐动脉共同起于髂内动脉。子宫中动脉从髂内动脉分出后不远即进入子宫阔韧带内，所以追踪时感觉它是游离的。触诊阴道动脉子宫支（子宫后动脉）的方法：将指尖伸至相当于荐骨末端处，并贴在骨盆侧壁的坐骨上棘附近，前后滑动手指。子宫后动脉是骨盆内比较游离的一条动脉，由上向下行，而且很短，所以容易识别。

👉 【注意】

牛的直肠黏膜受到刺激后易渗出血液，手在直肠内操作时，只能用指肚，指尖不要触及黏膜。手应随肠道收缩波面稍向后退，不可向前伸。妊娠月份不同，母牛的卵巢位置、子宫状态及位置、子宫动脉状况都会发生不同变化。

④ 奶中黄体酮水平测定法。

a. 全奶黄体酮含量测定法：分别采集配种后 21~24 天和 42 天的奶样各一份，在室温下摇匀。取奶样 20 微升，加入抗体 0.1 毫升［稀释度为 1:（10000~12000）］，放置 15 分钟后，再加入 H-黄体酮 0.1 毫升，于 4℃ 的环境中孵育 16~24 小时。然后在水浴中加活性炭悬浮液 0.2 毫升（活性炭 625 毫克、葡萄糖 4062.5 毫克、磷酸缓冲液 100 毫升），振荡 15 分钟，以 3000 转/分钟的速度离心旋转 10 分钟，取上清液加闪烁液 5 毫升，过夜后测定黄体酮的含量。

b. 乳脂黄体酮含量测定法：取 2.5 毫升奶样，加入混合溶剂（15%正丁醇、49%正丁胺、36%蒸馏水）0.5 毫升，混旋提取 30 秒，85℃水浴 1.5 分钟，离心 2 分钟（3000 转/分钟），即提出乳脂。取提取的乳脂 10 微升，加入 1 毫升石油醚，提取乳脂黄体酮（用前蒸馏），混旋提取 30 秒后加入 1 毫升甲醇（90%），提取 30 秒后弃去石油醚，吸 0.2 毫升（双样）甲醇液，65℃水浴挥发干，然后加入 0.1 毫升缓冲液。最后测定乳脂黄体酮含量，加入抗血清 0.5 毫升 [1:（13000~20000）]，室温放置 15 分钟，再加入 H-黄体酮 0.1 毫升，其余操作与全奶黄体酮含量测定法相同。

黄体酮判断值大于 5.0 纳克/毫升为妊娠，小于 5.0 纳克/毫升为未妊娠。测定配种后 21~24 天全乳和乳脂的黄体酮值判别妊娠的准确率分别为 87.76%和 86.60%。

⑤ 超声波诊断法。超声波诊断是利用超声波的物理特性和不同组织结构的特性相结合的物理学诊断方法。国内外研制的超声波诊断仪有多种，其中国内研制的有两种：一种是用探头通过直肠探测母牛子宫动脉的妊娠脉搏，由信号显示装置发出不同的声音信号来判断妊娠与否；另一种是探头自阴道伸入，显示的方法有声音、符号、文字等形式。测定结果表明，妊娠 30 天内探测子宫动脉反应、40 天以上探测胎心音可达到较高的准确率。用 B 超诊断仪测定时，其探头放置在右侧上方的腹壁上，探头方向朝向妊娠子宫角，从显示屏上可清楚地观察胎泡的位置、大小，并且可以定位照相。移动探头的方向和位置，可见胎儿各部的轮廓、心脏的位置和跳动情况，确定单胎或双胎等。

⑥ 激素反应法。给配种 18~22 天的母牛肌内注射合成雌激素（苯甲酸雌二醇、己烯雌酚等）2~3 毫克，5 天后不发情则判定为妊娠。原因是妊娠母牛的黄体酮含量高，可以对抗适量的外源雌激素，以致其不发情。

⑦ 碘酒法。取配种 20~30 天的母牛的鲜尿 10 毫升，滴入 2 毫升 7%的碘酒溶液，充分混合，待 5~6 分钟后，混合液的颜色呈紫色为妊娠，不变色或稍带碘酒色为未妊娠。

⑧ 阴道黏液抹片检查法。取子宫颈阴道黏液一小块，置于载玻片中央，盖上另一玻片，轻轻旋转 2~3 转，去掉上面玻片，使其自然干

燥。加上几滴10%的硝酸银，1分钟后用水冲洗，再滴上3~5滴吉姆萨染色液，加1毫升水，染色30分钟，用水冲洗后干燥镜检：如果视野中出现短而细的毛发状纹路，并呈紫红色或浅红色，则为妊娠表现；若出现较粗纹路，为黄体期或妊娠6个月以后的征状；若是羊齿植物状纹路，为发情的黏液性状；若出现上皮细胞团，则为炎症的表现。该方法对于判别妊娠23~60天的母牛准确率达90%以上。

⑨ 眼线法。处于妊娠期的母牛的瞳孔正上方巩膜上会出现3根特别明显而竖立的粗血管，呈紫红色，称之为妊娠血管。这一征状自妊娠开始产生，产犊后7~15天消失。

(6) 母牛的分娩

1）预产期预算。肉牛以妊娠期280天计，预产期为交配月份数减3、交配日数加6。

假如一头母牛于2011年8月22日交配，则预产期为2012年5月（8-3=5）28日（22+6=28）。假如一头母牛于2011年1月30日交配，则预产期为2012年11月6日。月份的推算方法为：1+12-3=10（不够减可以借12个月），30+6-30=6（超过1个月的日数可减去30天，即为下一个月的日数，即把减去的30天计为1个月，加到推算的月份上），所以预产期是2012年11月6日。

2）分娩预兆见表4-6。

表4-6 分娩预兆

项目	表现
乳房	分娩前约1周，母牛的乳房比原来大一倍。到产前2~3天，乳房肿胀，皮肤紧绷，乳头基部红肿，乳头变粗，用手可挤出少量浅黄色黏稠的初乳，有些母牛有漏奶现象
外阴部	临产前1周，外阴部松软、水肿，皮肤皱襞平展，阴道黏膜潮红，子宫颈口的黏液逐渐溶化。在分娩前1~2天，子宫颈塞随黏液从阴道排出，呈半透明索状，悬垂于阴门外。当子宫颈扩张2~3小时后，母牛便开始分娩
骨盆	临分娩前数天，骨盆部的韧带变得松弛、柔软，尾根两边塌陷，以便胎儿通过。用手握住尾根上下运动时，会明显感到尾根与荐骨容易上下移动

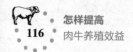

（续）

项目	表现
行为	母牛表现为活动困难、起立不安，尾高举，不时地回顾腹部，常作排粪尿姿势，时起时卧，初产牛则更显得不安。分娩预兆与临产间隔时间因个体而异，一般情况下，在预产期前的 1～2 周，将母牛移入产房，对其进行特别照料，做好接产、助产工作。上述各种现象都是分娩即将来临的预兆，但要全面观察、综合分析后才能做出正确判断

3）分娩过程。

① 开口期。开口期是从子宫开始阵缩到子宫颈口充分开张为止，一般需 2～8 小时（范围为 0.5～24 小时）。特征是只有阵缩而不出现努责。初产牛不安，时起时卧，徘徊运动，尾根抬起，常作排尿姿势，食欲减退；经产牛一般比较安静，有时看不出有什么明显表现。

② 胎儿产出期。胎儿产出期是从子宫颈充分开张至产出犊牛为止，一般持续 3～4 小时（范围为 0.5～6 小时），初产牛一般持续时间较长。若是双胎，则两胎儿排出间隔时间一般为 20～120 分钟。特征是阵缩和努责同时作用。进入该时期的母牛通常侧卧，四肢伸直，强烈努责，羊膜形成囊状，凸出于阴门外，该囊破裂后，排出微带黄色的浓稠羊水。胎儿产出后，尿囊才开始破裂，流出黄褐色尿水。因此，牛的第一胎水一般是羊水，但有时尿囊会先破裂，然后羊膜囊才凸出阴门破裂。在羊膜破裂后，胎儿前肢和唇部逐渐露出并通过阴门，这时母牛稍事休息，继续把胎儿排出。

③ 胎衣排出期。从胎儿产出后到胎衣完全排出为止，一般需 4～6 小时（范围为 0.5～12 小时）。若超过 12 小时，胎衣仍未排出，即为胎衣不下，需及时采取处理措施。当胎儿产出后，母牛即安静下来，经子宫阵缩（有时还配合轻度努责）而使胎衣排出。

4）接产前的准备。

① 产房。产房应当清洁、干燥，光线充足，通风良好，无贼风，墙壁及地面应便于消毒。在北方寒冷的冬季，应有相应的取暖设施，以防犊牛冻伤。

② 用品及药械。在产房里，接产用具及药械（70%酒精、2%～5%

碘酒、煤酚皂、催产药物等）应放在一定的地方，以免因临时缺乏而造成慌乱。此外，产房里最好备有一套常用的手术助产器械，以备急用。

③ 接产人员。接产人员应当受过接产训练，熟悉牛的分娩规律，严格遵守接产的操作规程及值班制度。尤其是在分娩期，要固定专人，并加强夜间值班制度。

5）接产。接产的目的在于对母牛和胎儿进行观察，并在必要时加以帮助，确保母子安全。但应特别指出，接产工作一定要根据分娩的生理特点进行，不要过早、过多地干预。为保证胎儿顺利产出及母子安全，接产工作应在严格消毒的情况下进行。其步骤如下：

① 清洗消毒。清洗母牛的外阴部及其周围，并用消毒液（如1%的煤酚皂溶液或0.1%的高锰酸钾药液）对外阴及周围体表和尾根部进行消毒擦洗。用绷带缠好尾根，拉向一侧并系于颈部。在产出期开始时，接产人员穿好工作服、胶围裙及胶鞋，并对手臂消毒，准备做必要的检查。

② 临产检查。自胎膜露出至胎水排出前，可将手臂伸入产道，进行临产检查，确定胎向、胎位及胎势是否正常，以便对胎儿的反常做出早期矫正，避免难产的发生。如果胎儿正常，正生时，应三件（唇及二前蹄）俱全，可等候其自然排出。除检查胎儿外，还可检查母牛骨盆有无变形，阴门、阴道及子宫颈的松软扩张程度，以判断有无因产道反常而发生难产的可能。

③ 撕破胎膜。正常情况下，在胎儿唇部或头部露出阴门以前，不要急于扯破胎膜，以免胎水流失过早，不利于胎儿产出。当胎儿唇部或头部露出阴门外时，如果上面覆盖有胎膜，可把它撕破，并把胎儿鼻孔内的黏液擦净，以利于其呼吸。

④ 注意观察。注意观察努责及产出过程是否正常。如果母牛努责、阵缩无力，或其他原因（产道狭窄、胎儿过大等）造成产仔滞缓，应迅速拉出胎儿，以免胎儿因氧气供应受阻，反射性吸入羊水，引起异物性肺炎或窒息。在拉胎儿时，可用产科绳缚住胎儿两前肢球节或两后肢系部（倒生）交于助手拉住，同时用手握住胎儿下颌（正生）。随着母牛努责，左右交替用力，顺着骨盆轴的方向慢慢拉出胎儿。在胎儿头部通

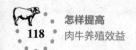

过阴门时，要注意用手捂住阴唇，以防阴门上角或会阴被撑破。在胎儿骨盆部通过阴门后，要放慢拉出速度，防止子宫脱出和产牛腹压突然下降而导致脑贫血。

⑤ 助产。一般情况下，母牛的分娩不需要助产，接产人员只需监督分娩过程。但当遇到胎位不正、胎儿过大、母牛分娩无力等情况时，必须进行必要的助产。助产的原则是，尽可能做到母子安全，在不得已的情况下，应舍子保母，同时必须力求保持母牛的繁殖能力。

当胎儿的口腔、鼻露出，却不见产出时，将手臂消毒后伸入产道，检查胎儿的方向、位置和姿势是否正常。若头在上，两蹄在下、无屈肢，则为正常，可让其自然分娩。若是倒生，应及早拉出胎儿，以免脐带挤压在骨盆底下，造成胎儿窒息死亡。在拉胎儿时，用力应与母牛的阵缩同时进行。当胎头拉出后，应放慢拉的动作，以防子宫内翻或脱出。

当胎儿前肢和头部露出阴门，但羊膜仍未破裂时，可将羊膜扯破。擦净胎儿口腔、鼻周围的黏液，让其自然产出。当破水过早、产道干燥或狭窄、胎儿过大时，可向阴道内灌入肥皂水，润滑产道，以便拉出胎儿。

【注意】

必要时可切开产道狭窄部，待胎牛娩出后，立即进行缝合。

⑥ 清理。胎儿产出后，应立即将其口鼻内的羊水擦干，并观察其呼吸是否正常。胎儿身体上的羊水可让母牛舔干，母牛因吃入羊水（内含催产素）而使子宫收缩加强，利于胎衣排出，还可增强母子关系。为了尽快让犊牛的体表变干、促进犊牛皮肤血液循环，护理人员可以使用洁净的草或干燥的软布将犊牛的体表擦干，尤其是在较为寒冷的季节，要尽快擦干，以防犊牛受寒而发病。如果发现胎儿窒息，要立即进行抢救。

⑦ 脐带处理。胎儿产出后，有时脐带会自行扯断，一般不必结扎，但要用 5%～10% 的碘酒充分消毒，以防感染。胎儿产出后，脐带未断，应将脐带内的血液挤入犊牛体内（有利于犊牛健康），进行人工断脐。

> **【注意】**
>
> 人工断脐时，脐带断端不宜留得太长。断脐后，可将脐带断端在碘酒内浸泡片刻或在其外面涂以碘酒，并将少量碘酒倒入羊膜鞘内。如脐带有持续出血，须加以结扎。

⑧ 犊牛护理。犊牛产出后不久即试图站立，但犊牛在最初一般是站不起来的，应加以扶助，以防摔伤。对母牛和新生犊牛注射破伤风抗毒素，以防感染破伤风。

6）难产处理。在难产的情况下助产时，必须遵守一定的操作原则，即助产时除挽救母牛和胎儿外，要注意保持母牛的繁殖力，防止其产道损伤和感染。为便于矫正和拉出胎儿，特别是当产道干燥时，应向产道内灌注大量滑润剂。为了便于矫正胎儿的异常姿势，因产道空间有限，不易操作，应尽量将胎儿推回子宫内，要力求在母牛阵缩间歇期将胎儿推回子宫内。拉出胎儿时，应随母牛努责而用力。

难产极易引起犊牛的死亡，并严重危害母牛的繁殖力。因此，难产的预防是十分必要的。首先，在配种管理上，不要让母牛过早配种。由于青年母牛仍在发育，分娩时常因骨盆狭窄导致难产。其次，要注意母牛妊娠期间的合理饲养，防止因母牛过肥、胎儿过大而造成难产。另外，要安排适当的运动，这样不但可以提高营养物质的利用率，使胎儿正常发育，还可提高母牛全身和子宫的紧张性，在母牛分娩时增强胎儿活力和子宫收缩力，并有利于胎儿转变为正常分娩胎位、胎势，以减少难产及胎衣不下、产后子宫复位不全等的发生。此外，在临产前及时对妊娠牛进行检查、矫正胎位也是减少难产发生的有效措施。

7）产后护理。产后期是指从胎衣排出到生殖器官恢复到妊娠前状态的一段时间。产出胎儿时，子宫颈开张，产道黏膜表层可能造成损伤；母牛产后的子宫内积存大量恶露，为病原微生物的繁殖和侵入创造了条件。因此，对产后期的母牛应加以妥善护理，以促进母牛机体尽快恢复正常，预防疾病，保证其具有正常的繁殖机能。产后母牛的护理应做到以下几点：

① 注意产后期卫生。应对母牛外阴部及周围区域进行清洗和消

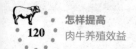

毒，并防止苍蝇叮蜇。经常更换褥草并消毒。

② 加强饲养。母牛分娩之后，要及时供给母牛新鲜清洁的饮用水和麸皮汤等，以补充机体水分。在产后最初几天，应供给母牛质好、易消化的饲料，但不宜过多，以免引起消化道疾病。一般经过 5~6 天可逐渐恢复正常饲养。

③ 注意日常监护。在母牛分娩之后，还应观察母牛努责状况。如果产后仍有努责，应检查子宫内是否还有胎儿或滞留的胎衣及子宫有无内翻的可能，如有上述情况，应及时处理。母牛产后 3~4 天，恶露开始大量流出，头 2 天颜色暗红，以后呈黏液状，逐渐变为透明，10~12 天停止排出。恶露一般只腥不臭，如果母牛在产后 3 周仍有恶露排出或恶露腥臭，表示有子宫感染，应及时治疗。此外，还应观察母牛的精神状态、饮食欲、外生殖器官或乳房等，一旦有异常，应查明原因，及时处理。

2. 加强种用肉牛的管理

（1）**育成公牛的饲养管理** 犊牛断奶后至种用之前的公牛称为育成公牛。这个时期是公牛生长发育最迅速的阶段，精心的饲养管理不仅可以使公牛获得较快的增重速度，而且可使幼牛得到良好的发育。公犊牛、母犊牛在饲养管理上几乎相同，但进入育成期后，二者在饲养管理上则有所不同，必须按不同年龄和发育特点予以区别对待。

1）育成公牛的饲养方式。

① 舍饲拴系培育。在舍饲拴系培育条件下，犊牛头 10~60 天在个体笼内管理，而后在公牛、母牛分群前（4~5 月龄前）进行群栏管理，每栏饲养 5~10 头牛。以后进行拴系管理，一直培育到种用或出售。在这种情况下，新生犊牛失去了正常生长发育所必需的生理活动。舍饲拴系管理是出现各种物质代谢障碍、发生异常性反射等的主要原因。所以，必须保证牛拥有充足的活动空间和适量的运动。

② 拴系放牧管理。许多牛场在夏季采用。在距其他牛群较远的地方，选定不受主导风作用的一块平坦的放牧场，呈一线排列，用 15~20 米的铁链固定在可移动的、钉进地里的具有钩环的柱上。柱间距为 40~50 米，每头小公牛都能自由地在柱的周围运动。每头小公牛附近都放有饲槽

和饮水器，于早、晚放补充料和水。随着放牧场地牧草被利用（第 2~3 天），将小公牛移入下一个地点。采用这种管理方式，每头 6 月龄、12 月龄、18 月龄的小公牛每天分别消耗 15 千克、20 千克、35 千克青饲料。

③ 分群自由运动。在分群自由运动培育情况下，小公牛在牛群内分群管理，每群饲养 5~6 头。而在运动场和放牧场培育情况下，每群饲养 40~50 头。夏季，小公牛终日在设有遮阴棚的运动场内和放牧场内管理。冬季，4~12 月龄小公牛在运动场管理 4~5 小时，在严寒期（−20℃以下）不超过 2 小时。

④ 复合管理。白天在运动场或放牧场管理，晚上在舍内或棚下拴系管理。

2）育成公牛的饲养。育成公牛的生长速度比育成母牛的生长速度快，需要的营养物质多，特别需要以补饲精饲料的形式提供营养，以促进其生长发育和性欲的提高。对育成公牛的饲养，应在满足一定量精饲料供应的基础上，令其自由采食优质的精、粗饲料。6~12 月龄的公牛的粗饲料以青草为主时，精、粗饲料的比例为 55：45；以干草为主时，精、粗饲料比例为 60：40。在饲喂豆科或禾本科优质牧草的情况下，对于 1 岁以上的育成公牛，混合精饲料中粗蛋白质的含量以 12% 左右为宜。

公犊牛断奶后，其饲料选用优质的干草、青干草，不使用酒糟、秸秆、粉渣类及棉籽饼、菜籽饼。6 月龄后日饲喂量为月龄乘以 0.5 千克，如 8 月龄的牛日饲喂量为 4 千克；1 岁以上的牛日饲喂量为 8 千克，成年牛日饲喂量为 10 千克，以避免出现草腹。饲料中应注意补充维生素 A、维生素 E 等。冬季没有青草时，每头牛可喂胡萝卜 0.5~1.0 千克，以补充维生素，同时要有充足的矿物质和水，并保证水质良好和卫生。

3）育成公牛的管理。

① 分群。牛断奶后，应根据性别和年龄情况进行分群。首先是公牛、母牛分开饲养。因为育成公牛与育成母牛的发育不同，对饲养条件的要求不同，而且公牛、母牛混养，会干扰牛的成长。分群时，同性别的牛的年龄和体格大小应该相近，月龄差异一般不应超过 2 个月，体重差异低于 30 千克。

② 拴系。准备留种的育成公牛从 6 月龄开始戴上笼头，进行拴系饲养。为便于管理，当公牛达 8~10 月龄时，应进行穿鼻带环（穿鼻用的工具是穿鼻钳，穿鼻的部位在鼻中隔软骨最薄的地方），用皮带拴系好，沿公牛额部固定在角基部，鼻环以不锈钢的为最好。牵引时，应坚持左右侧双绳牵导。对性烈的育成公牛，需用钩棒牵引，在一个人牵住缰绳的同时，另一人两手握住钩棒，钩在鼻环上，以控制其行动。

③ 刷拭。为了保持牛体清洁，促进牛的皮肤代谢、养成温驯的气质，育成公牛上槽后应进行刷拭，每天至少刷拭 1 次，每次刷拭 5~10 分钟。

④ 试采精。12~14 月龄后，即应试采精，采精次数从每个月 1 次或 2 次逐渐增加到 18 月龄的每周 1 次或 2 次，检查采精量、精子密度、精子活力及有无畸形，并试配一些母牛，看后代有无遗传缺陷，并决定是否留作种用。

⑤ 加强运动。育成公牛的运动关系到它的体质，因为育成公牛有活泼好动的特点。加强运动，可以增强体质、保持健康。对于种用育成公牛，要求每天上午、下午各运动 1 次，每次运动 1.5~2 小时，行走距离为 4.0 千米。运动方式有旋转架、套爬犁及拉车。

【注意】

　　种用公牛如果运动不足或长期拴系，性情会变坏，精液质量下降，患肢蹄病、消化道疾病等。但要注意，不能运动过度，否则对公牛的健康和精液质量有不良影响。

⑥ 调教。对育成公牛要进行必要的调教，包括与人的接近、牵引训练，配种前要进行采精前的爬跨训练。饲养公牛必须注意安全，因其性情一般较母牛暴躁。

⑦ 防疫卫生。定期对育成公牛进行防疫注射，防止传染病；保持牛舍环境卫生，做好防寒、防暑工作。

此外，应对育成公牛定期称重，以检查饲养情况，及时调整日粮。还要做好各项生产记录工作。

(2) 成年种公牛的饲养管理　成年种公牛（简称种公牛）饲养管理

良好的衡量标准是强的性欲、良好的精液质量、正常的膘情和种用体况。

1）种公牛的质量要求。种用的肉用型公牛的体质外貌和生产性能均应符合本品种的种用畜特级和一级标准，经后裔测定后方能作为主力种公牛。肉用性能和繁殖性状是肉用型种公牛极其重要的两项指标。种公牛必须经过检疫，确认无传染病，体质健壮，对环境的适应性及抗病力强。

2）种公牛的饲养。种公牛不可过肥，但也不可过瘦。过肥的种公牛常常没有性欲，但过瘦的种公牛的精液质量不佳。成年种公牛营养中重要的成分是蛋白质、钙、磷和维生素，因为它们与种公牛的精液品质有关。5岁以上成年种公牛已不再生长，为保持种公牛的种用膘度（即中上等膘情）而使其不过肥，其所需能量以达到维持需要即可。当采精次数频繁时，应增加蛋白质的供给。

在种公牛饲料的安排上，应选用适口性强、容易消化的饲料，精、粗饲料应搭配适当，保证营养全面充足。种公牛精、粗饲料的给量可依据不同种公牛的体况、性活动能力、精液质量及承担的配种任务酌情处理。一般精饲料的日用量为每头牛每100千克体重供给1.0千克；粗饲料应以优质豆科干草为主，搭配禾本科牧草，而不用酒糟、秸秆、果渣及粉渣等粗饲料；青贮饲料应和干草搭配饲喂，并以干草为主，冬季补充胡萝卜。注意多汁饲料和粗饲料不可饲喂过量，以免种公牛长成"草腹"，影响采精和配种。碳水化合物含量高的饲料也宜少喂，否则易造成种公牛过肥而降低配种能力。菜籽饼、棉籽饼有降低精液品质的作用，不宜用作种公牛饲料。豆饼虽富含蛋白质，但它是生理酸性饲料，饲喂过多，易在牛的体内产生大量有机酸，反而对精子形成不利，因此应控制喂量。在日粮中添加一定比例的动物性饲料，如鱼粉、蛋粉、蚕蛹粉等，补充种公牛对蛋白质的需要，尤其在采精频繁季节需补加营养的情况下更应如此。种公牛日粮中的钙不宜过多，特别是对老年种公牛来说，当粗饲料为豆科牧草时，精饲料中就不应再补充钙质，因为过量的钙往往容易引起脊椎和其他骨骼融为一体。

保证种公牛有充足的、清洁的饮用水，但在配种或采精前后、运动前后30分钟内不应饮水，以防影响种公牛健康。种公牛的定额日粮可分

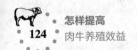

为上午、下午定时定量喂给，夜晚饲喂少量干草。日粮组成要相对稳定，不要经常变动。每2~3个月称体重1次，检查种公牛的体重变化，以调整日粮定额。饲喂时要先精后粗，防止过饱。每天饮水3次，夏季增加4~5次，采精或配种前禁水。

3）种公牛的管理。种公牛具有较强的记忆力、防御反射和性反射。因此，饲养管理种公牛要指定专人，不要随便更换，避免给种公牛恶性刺激。饲养人员在管理种公牛时，要特别注意安全，并有耐心，不粗暴对待种公牛，不得随意逗弄、鞭打或虐待种公牛。种公牛的牛舍的地面应平坦、坚硬、不漏，且远离母牛舍。牛舍的温度为10~30℃，夏季注意防暑，冬季注意防寒。

①拴系。种公牛必须拴系饲养，防止伤人。一般种公牛在10~12月龄时穿鼻戴环，因经常牵引训导，鼻环须用皮带吊起，系于缠角带上。缠绕角带上拴两条系链，通过鼻环，左右分开，拴在两侧立柱上。鼻环要常检查，有损坏时要更换。

②牵引。牵引种公牛要用双绳，两人分左右两侧，人和牛保持一定的距离。对于烈性种公牛，用钩棒牵引，由一人牵住缰绳，另一人用钩棒钩住鼻环来控制牛。

③护蹄。种公牛经常出现趾蹄过度生长的现象，会影响种公牛的放牧、觅食和配种。因此，饲养人员要经常检查种公牛的趾蹄有无异常，保持蹄壁和蹄叉清洁。为了防止蹄壁破裂，可经常涂抹凡士林或无刺激性的油脂。发现蹄病要及时治疗。做到每年春季、秋季各削蹄1次。蹄形不正时要进行矫正。

④睾丸及阴囊的定期检查和护理。种公牛睾丸的最快生长期是在6~14月龄，此时应加强营养和护理。研究表明，睾丸大的种公牛比同龄的睾丸小的种公牛配种能力更强。种公牛的年龄和体重对于睾丸的发育和性成熟有直接影响。为了促进睾丸发育，除注意选种和加强营养以外，还要经常进行按摩和护理，每次5~10分钟。要保护阴囊的清洁卫生，定期进行冷敷，改善精液质量。

⑤放牧配种与采精。饲养肉牛时，在放牧配种季节，要调整好种公

牛、母牛的比例。当一个牛群中使用数头种公牛配种时，要将青年种公牛与成年种公牛分开。

⑥ 运动。每天上午、下午各进行一次运动，每次运动 1.5~2 小时，路程为 4 千米。

⑦ 刷拭和洗浴。每天要定时给种公牛刷拭身体，天凉时进行干刷，高温炎热时进行淋浴，以保持皮肤清洁，促进血液循环，保持其身体健康。

4）种公牛的利用。种公牛的使用要合理、适度，一般 1.5 岁牛每周采精 1 次或 2 次，2 岁后每周采精 2 次或 3 次，3 岁以上可每周采精 3 次或 4 次。交配和采精应在饲喂后 2~3 小时进行。

(3) 育成母牛的饲养管理

1）不同阶段的饲养要点。

① 6~12 月龄。该阶段为母牛的性成熟期。母牛的性器官和第二性征发育很快，体躯向高度和长度两个方向急剧生长。同时，其前胃已相当发达，容积扩大 1 倍左右。在饲养该阶段的母牛时，既要提供足够的营养，又要求饲料必须具有一定的容积，以刺激前胃的生长。所以，对于这一时期的育成母牛，除给予优质的干草和青饲料外，还必须补充一些混合精饲料，精饲料占饲料干物质总量的 30%~40%。

② 12~18 月龄。该阶段的育成母牛的消化器官更加扩大，为进一步促进其消化器官的生长，其日粮应以青饲料、粗饲料为主，约占日粮干物质总量的 75%，其余 25% 的日粮为混合精饲料，以补充能量和蛋白质。

③ 18~24 月龄。该阶段的母牛已配种受胎，生长强度逐渐减缓，体躯显著向宽深方向发展。若饲养过于丰富，母牛的体内容易蓄积过多脂肪，导致牛体过肥，造成不孕；若饲养过于贫乏，又会导致牛体生长发育受阻，牛的体躯狭浅、四肢细高，泌乳量不高。因此，在此期间应以优质干草、青草或青贮饲料为基本饲料，精饲料可少喂甚至不喂。但到妊娠后期，由于体内胎儿生长迅速，必须补充混合精饲料，日定额为 2~3 千克。

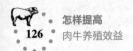

【提示】

如有放牧条件，育成母牛应以放牧为主。在优良的草地上放牧，精饲料可减少30%～50%；放牧后回到牛舍，若牛未吃饱，则应补喂一些干草和适量精饲料。

2）育成母牛的管理。

① 分群。育成母牛最好在6月龄时分群饲养。公牛、母牛分群饲养，每群30～50头，同时应按育成母牛的年龄进行分阶段饲养管理。

② 定槽。对于圈养拴系式管理的牛群，定槽是必不可少的。每头育成母牛要有自己的牛床和食槽。

③ 加强运动。在舍饲条件下，每天至少要有2小时以上的驱赶运动，促进育成母牛的肌肉组织和内脏器官，尤其是心、肺等呼吸和循环系统的发育，使其具备高产母牛的特征。

④ 转群。育成母牛在不同生长发育阶段的生长强度不同，应根据其年龄、发育情况进行分群，并按时转群。一般在12月龄、18月龄、定胎后或至少分娩前2个月共进行3次转群。对育成母牛称重并结合其体尺测量，对生长发育不良的育成母牛进行淘汰，将剩下的育成母牛转群。最后一次转群是育成母牛走向成年母牛的标志。

⑤ 乳房按摩。为了刺激育成母牛乳腺的发育和促进其产后泌乳量的提高，对12～18月龄的育成牛每天按摩1次乳房；对于18月龄的妊娠母牛，一般早晚各按摩1次，每次按摩时用热毛巾敷擦乳房。产前1～2个月停止按摩。

⑥ 刷拭。每天刷拭牛体1次或2次，每次5分钟，有利于牛体的清洁，促进其皮肤代谢和养成温驯的气质。

⑦ 初配。在育成母牛18月龄左右时，根据其生长发育情况决定是否配种。

（4）空怀母牛的饲养管理 饲养管理主要围绕提高受配率、受胎率，充分利用粗饲料、降低饲养成本进行。

1）空怀母牛的饲养。繁殖母牛在配种前应具有中上等膘情。在日常的饲养管理工作中，倘若给母牛喂过多的精饲料而又运动不足，易使母牛过肥，造成不发情。这在肉用母牛的饲养管理中经常出现，必须加以注意。但如果饲料缺乏、营养不全、母牛瘦弱，也会造成母牛不发情而影响繁殖。实践证明，如果在母牛前一个泌乳期内给以足够的平衡日粮，同时劳役较轻、管理周到，能提高母牛的受胎率。在瘦弱母牛配种前1~2个月，加强饲养，适当补饲精饲料，也能提高受胎率。

2）空怀母牛的管理。

① 保持适宜的环境条件。保持牛舍适宜的温度，特别注意夏季防热和冬季防寒；保持舍内干燥，通风良好，空气新鲜。过度潮湿等恶劣环境极易危害牛体的健康，使母牛成为敏感的个体，很快停止发情。

② 适当运动。适当活动并经常接受适量的阳光照射，可增强母牛的体质，提高受胎率。

③ 及时配种。母牛发情时应及时予以配种，防止漏配和失配。对初配母牛应加强管理，防止野交早配。经产母牛产犊后3周，要注意其发情情况，对发情不正常或不发情者要及时采取措施。一般母牛产后1~3个发情期，发情排卵比较正常。随着时间的推移，犊牛体重增大，消耗增多，如果不能及时补饲，母牛膘情下降，发情排卵受到影响。因此，产后多次错过发情期，则发情期受胎率会越来越低。如果出现这种情况，应及时对母牛进行直肠检查，摸清情况，慎重处理。

④ 注意观察母牛的受孕情况。造成母牛空怀不孕的原因，有先天和后天两个方面。先天不孕一般是由于母牛生殖器官发育异常，如子宫颈位置不正、阴道狭窄、幼稚病、两性畸形等。一旦发现这类母牛，应立即淘汰。后天性不孕主要是由于营养缺乏、饲养管理及使役不当、生殖器官疾病所致。这类母牛在恢复正常营养水平后或经过治疗后，大多能够自愈。但在犊牛时期，由于营养不良导致生长发育受阻，影响生殖器官正常发育而造成的不孕，很难用饲养方法补救。若育成母牛长期营养不足，则往往导致初情期推迟，初产时出现难产或死胎，并且影响以后的繁殖力。

（5）**妊娠母牛的饲养管理**　母牛妊娠后，不仅为本身生长发育提供所需营养，而且还要满足胎儿生长发育的营养需要，为产后泌乳进行营养蓄

积。因此，要加强妊娠母牛的饲养管理，使其能够正常地产犊和哺乳。

1）妊娠母牛的饲养。妊娠期母牛的营养需要和胎儿生长有直接关系。胎儿增重主要在妊娠的最后 3 个月，此时，胎儿的增重占犊牛初生重的 70%~80%，胎儿需要从母体吸收大量营养。若胚胎期的胎儿生长发育不良，出生后就难以补偿，增重速度减慢，饲养成本增加。同时，母牛体内需蓄积一定养分，以保证产后的泌乳量。母牛在妊娠初期，由于胎儿生长发育较慢，其营养需求较少，因此，对妊娠初期的母牛不再另行考虑，一般按空怀母牛进行饲养。母牛在妊娠中后期，应加强营养，尤其是妊娠最后的 2~3 个月，加强营养显得特别重要，这期间的母牛营养直接影响着胎儿生长和本身营养蓄积。如果此时营养缺乏，容易造成犊牛初生重低、母牛体弱和奶量不足。如果营养严重缺乏，会造成母牛流产。一般在分娩前，母牛至少要增重 45~70 千克，才足以保证产犊后的正常泌乳与发情。

以放牧为主的肉牛业，在青草季节应尽量延长放牧时间，一般可不补饲。在枯草季节，根据牧草质量和牛的营养需要确定补饲草料的种类和数量。特别是在妊娠最后的 2~3 个月，如果正值枯草期，应进行重点补饲。母牛由于长期吃不到青草，会缺乏维生素 A，可用胡萝卜或维生素 A 添加剂来补充。在冬季，每头母牛每天喂 0.5~1 千克胡萝卜，另外，应补足蛋白质、能量饲料及矿物质。精饲料（精饲料配方：玉米 50%，糠麸类 10%，油饼类 30%，高粱 7%，石灰石粉 2%，食盐 1%，每吨添加维生素 A 1000 万国际单位）补量为每头母牛每天 0.8~1.1 千克。

对于舍饲妊娠母牛，要依妊娠月份的增加调整日粮配方，增加其营养物质供给量。以青粗饲料为主、适当搭配精饲料的原则，参照饲养标准配合日粮。粗饲料以玉米秸（蛋白质含量较低）为主，要搭配 1/3~1/2 优质豆科牧草，再补饲饼粕类，也可以用尿素代替部分饲料蛋白。粗饲料若以麦秸为主，肉牛很难维持其最低需要，必须搭配豆科牧草，另外，补加混合精饲料（精饲料配方：玉米 27%，大麦 25%，饼类 20%，麸皮 25%，石粉 1%~2%，食盐 1%。每头牛每天添加维生素 A 1200~1600 国际单位）1 千克左右。

【注意】

防止妊娠母牛过肥，尤其是头胎青年母牛，更应防止过度饲养，以免发生难产。在正常的饲养条件下，使妊娠母牛保持中等膘情即可。

饲喂顺序：在精饲料和多汁饲料较少（占日粮干物质的10%以下）的情况下，可采用先粗后精的顺序饲喂。即先喂粗饲料，待牛吃半饱后，在粗饲料中拌入部分精饲料或多汁料碎块，引诱牛多采食，最后把余下的精饲料全部投饲，待牛吃净后下槽。若精饲料量较多，可按先精后粗的顺序饲喂。

【注意】

妊娠母牛禁喂棉籽饼、菜籽饼、酒糟等饲料，不能喂冰冻、发霉的饲料。要供给充足、洁净的饮用水，水的温度不低于10℃。

2）妊娠母牛的管理。

①做好妊娠母牛的保胎工作。在母牛妊娠期间，应注意防止流产、早产，这对放牧饲养的牛群显得更为重要。将妊娠后期的母牛单独组群，单独在附近的草场放牧；为防止母牛之间互相挤撞，放牧时不要鞭打驱赶母牛，以防惊群；雨天不要放牧，不要进行驱赶运动，防止母牛滑倒；在有露水的草场上放牧，不要让母牛采食大量易产气的幼嫩豆科牧草，不采食霉变饲料，不饮带冰碴的水。

②加强刷拭和运动。每天要刷拭母牛，特别是头胎母牛，还要进行乳房按摩，以利其产后为犊牛哺乳。舍饲妊娠母牛每天运动2小时左右，以免过肥或运动不足。

③转舍。产前15天，最好将母牛移入产房，由专人饲养和看护。

④注意观察。要注意对临产母牛的观察，及时做好分娩助产的准备工作。

（6）哺乳母牛的饲养管理 哺乳母牛就是产犊后用其乳汁哺育犊牛

的母牛。

1）哺乳母牛的饲养。母牛在分娩前 1~3 天，食欲低下，消化机能较弱，此时要精心调配饲料。精饲料最好调制成粥状，特别要保证充足的饮用水。在饲养上，要注意以恢复母牛体质为目的。在饲料的调配上，要加强其适口性，以刺激母牛的食欲。粗饲料以优质干草为主。精饲料不可太多，但要全价、优质、适口性好，最好能调制成粥状，可适当添加一定量的增味饲料，如糖类等。

母牛分娩后，由于大量失水，要立即给母牛喂温热的麸皮盐水（麸皮 1~2 千克，盐 100~150 克，碳酸钙 50~100 克，温水 10~20 千克），可起到暖腹、充饥、增腹压的作用。同时给母牛喂优质、柔软的干草 1~2 千克。为促进母牛子宫的恢复和恶露排出，还可补给益母草温热红糖水（益母草 250 克，水 1500 克，煎成水剂后，再加红糖 1 千克、水 3 千克），每天 1 次，连服 2~3 天。

母牛产犊 10 天内，尚处于身体恢复阶段，要限制精饲料及根茎类饲料的喂量。此时若饲养过于丰富，特别是精饲料饲喂过多，母牛食欲不好、消化失调，易加重乳房水肿或发炎。有时因钙、磷代谢失调而发生乳热症等，这种情况在高产母牛身上极易出现。因此，对于产犊后体况过肥或过瘦的母牛必须进行适度饲养。对于体弱的母牛，在产犊 3 天后饲喂优质干草，3~4 天后可饲喂多汁饲料和精饲料。到 6~7 天时，便可增加到足够的喂量。

根据乳房及消化系统的恢复状况，逐渐增加给料量，但每天增加精饲料的量不得超过 1 千克。当乳房水肿完全消失时，饲料可增至正常。若母牛产后乳房没有水肿，体质健康、粪便正常，在产犊后的第一天就可饲喂多汁饲料和精饲料，到 6~7 天即可增至正常喂量。

头胎母牛产后如果饲养不当，易出现酮病——血糖降低、血和尿中酮体增加，表现为食欲不佳、泌乳量下降和出现神经症状。其原因是饲料中富含碳水化合物的精饲料的量不足、而蛋白质的量过高所致。在实践中，应对此给予高度的重视。在饲养肉用哺乳母牛时，应正确安排饲喂次数。一般以每天饲喂 3 次为宜。

要保证母牛有充足、清洁、适温的饮用水。一般情况下，母牛产后1~5天应饮温水，水温为37~40℃，以后逐渐降至常温。

2）哺乳母牛的管理。

① 产前准备和接产。母牛分娩后，阴门松弛，躺卧时黏膜外翻，易接触地面，为避免感染，地面应保持清洁，要勤换垫草。母牛的后躯阴门及尾部应用消毒液清洗，以保持清洁。加强对母牛的监护，随时观察恶露排出情况，观察阴门、乳房、乳头等部位是否有损伤。每天测量体温1~2次，若温度升高，及时查明原因并进行处理。

② 日常管理。每天定时清洗母牛的乳房，保持乳房清洁；每天及时清理牛床上的污染物，定期对牛床和牛舍消毒，保持洁净卫生；注意观察哺乳母牛的采食、饮水、排泄和精神状态等情况。

③ 哺乳母牛的放牧管理。夏季应以放牧管理为主。放牧期间的充足运动、阳光浴及牧草中所含的丰富营养，可促进牛体的新陈代谢，改善繁殖机能，提高母牛的泌乳量，增强母牛和犊牛的健康。研究表明：青绿饲料中含有丰富的粗蛋白质，含有各种必需氨基酸、维生素、酶和微量元素。因此，经过放牧，牛体内血液中血红素的含量增加，机体内胡萝卜素和维生素D等储备较多，因而提高了对疾病的抵抗能力。放牧饲养前应做好以下几项准备工作：一是放牧场设备的准备。在放牧季节到来之前，要检修房舍、棚圈及篱笆；确定水源及饮水后的临时休息点；整修道路。二是牛群的准备。包括修蹄、去角，驱除体内外寄虫，检查牛号，母牛的称重及组群等。三是从舍饲到放牧的过渡。母牛从舍饲到放牧管理要逐步进行，一般需7~8天的过渡期。当母牛被赶到草地放牧前，要用粗饲料、半干贮及青贮饲料预饲，日粮中要有足量的纤维素，以维持正常的瘤胃消化。若冬季日粮中多汁饲料很少，过渡期应为10~14天。放牧的时间由开始时的每天2~3小时逐渐过渡到末尾的每天12小时。在过渡期，为了预防青草抽搐症，春季牛群由舍饲转为放牧时，开始一周不宜吃得过多，放牧时间不宜过长，每天至少补充2千克干草。并应注意，不宜在牧场施用过多的钾肥和氨肥，而应在易发本病的地方增施硫酸镁。

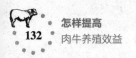

【注意】

牧草中钾多钠少，要特别注意食盐的补给，以维持牛体内的钠钾平衡。补盐方法：可配合在母牛的精饲料中喂给，也可在母牛饮水的地方设置盐槽，供其自由舔食。

3. 提高肉牛繁殖力的其他措施

提高肉牛繁殖力可以增加肉牛犊的数量和肉牛出栏数量，提高肉牛养殖效益。

（1）加强繁殖疾病的控制　要预防和治疗公牛繁殖疾病，如隐睾、发育不全、染色体畸变、睾丸炎、附睾炎、外生殖道炎等引起的繁殖障碍，提高公牛的交配能力和精液品质，从而提高牛的配种受胎率和繁殖率。

母牛的繁殖疾病主要有卵巢疾病、生殖道疾病、产科疾病三大类。卵巢疾病主要影响发情排卵，进而影响受配率和配种受胎率，有些疾病也可引起胚胎死亡和并发产科疾病；生殖道疾病主要影响胚胎的发育与成活，其中一些还可引起卵巢疾病；产科疾病可诱发生殖道和卵巢疾病，甚至引起母体和胎犊死亡。控制公牛、母牛的繁殖疾病对提高繁殖力十分有益。

（2）采用繁殖新技术　规模化的肉牛生产可充分利用繁殖方面的新技术，提高繁殖效率。

1）同期发情。同期发情又称同步发情，就是利用某些激素制剂，人为地控制并调整一群母畜发情周期的进程，使之在预定时间内集中发情。同期发情可以使母牛群集中发情，有利于人工授精技术的推广，有利于生产的安排和组织（可使母牛配种妊娠、分娩及犊牛的培育在时间上相对集中，便于肉牛的成批生产，提高劳动效率），有利于提高繁殖率（能使乏情状态的母牛出现性周期活动）。

同期发情机理：母牛的发情周期从卵巢的机能和形态变化方面可分为卵泡期和黄体期两个阶段。卵泡期是在周期性黄体退化继而血液中黄体酮水平显著下降后，卵巢中卵泡迅速生长发育，最后成熟并导致排卵的时期，这一时期一般是在周期第18～21天。卵泡期之后，卵泡破裂并发育成黄体，随即进入黄体期，这一时期一般是在周期第1～17天。黄体期内，在黄体分泌的孕激素的作用下，卵泡发育受到抑制，母牛不表现发情，在未受精的情况下，黄体维持15～17天后即行退化，随后进入另一个卵泡期。相对高的孕激素水平可抑制卵泡发育和发情，由此可见，黄体期的结束是卵泡期到来的前提条件。因此，同期发情的关键就是控制黄体寿命，并同时终止黄体期。

用于母牛同期发情处理的药物种类很多，方法也有多种，但较适用的是孕激素埋植法、孕激素阴道栓塞法及前列腺素法。

① 孕激素埋植法。将一定量的孕激素制剂装入管壁有小孔的塑料细管中，利用套管针或者专门的埋植器将药管埋入耳背皮下，经过一定的天数，在埋植处作切口，将药管同时挤出，同时，注射孕马血清促性腺激素500～800国际单位。也可将药物装入硅橡胶管中埋植，硅橡胶有微孔，药物可渗出。药物用量因种类而异，如18-甲基炔诺酮用量为15～25毫克。目前国外生产的埋植物制品已在市场上出售。

② 孕激素阴道栓塞法。栓塞物可用泡沫塑料块或硅橡胶环，后者为一螺旋状钢片表面敷以硅橡胶。它们包含一定量的孕激素制剂。将栓塞物放在子宫颈外口处，其中的激素即渗出。处理结束后，将栓塞物取出即可，或同时注射孕马血清促性腺激素。

孕激素的处理有短期（9～12天）和长期（16～18天）两种。长期处理后，发情同期率较高，但受胎率较低；短期处理后，发情同期率较低，而受胎率接近或相当于正常水平。如在短期处理开始时，肌内注射3～5毫克雌二醇（可使黄体提前消退和抑制新黄体形成）及50～250毫克黄体酮（阻止即将发生的排卵），可提高发情同期化的程度。但由于使用了雌二醇，故投药后数日内母牛出现发情表现，但并非真正发情，故不要授精。使用硅橡胶环时，环内附有一胶囊，内装上述量的雌二醇和黄体酮，以代替注射。

孕激素处理结束后，在第二天、第三天、第四天内，大多数母牛有卵泡发育并排卵。

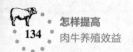

③ 前列腺素法。前列腺素的投药方法有子宫注入（用输精管）和肌内注射两种。子宫注入法用药量少，效果明显，但注入时较为困难；肌内注射操作容易，但用药量需适当增加。

只有当母牛在周期第 5~18 天（有功能黄体时期）使用前列腺素处理法才能产生发情反应。对于周期第 5 天以前的黄体，前列腺素并无溶解作用。因此，用前列腺素处理后，总有少数母牛无反应，对于这些母牛需进行二次处理。有时为使一群母牛有最大限度的同期发情率，第一次处理后，对表现发情的母牛不予配种，经 10~12 天后，再对全群母牛进行第二次处理，这时所有的母牛均处于周期第 5~18 天之内。故第二次处理后母牛同期发情率显著提高。

前列腺素制剂种类不同，给药方法不同，其用药剂量也不相同。前列腺素的用量为：子宫内注入 3~5 毫克，肌内注射 20~30 毫克。国产甲基前列腺素 F2a、前列腺素 F2a 甲酯及十三去氢前列腺素 3 种制剂注入子宫颈的用量分别为 1~2 毫克、2~4 毫克和 1~2 毫克。国外生产的高效 PGF2a 类似物制剂肌内注射 0.5 毫克即可。

用前列腺素处理后，一般第 3~5 天母牛出现发情，比孕激素处理晚 1 天。因为从投药到黄体消退需要将近 1 天的时间。

有人将孕激素短期处理与前列腺素处理结合起来，效果优于二者单独处理。即先用孕激素处理 5~7 天或 9~10 天，结束前 1~2 天注射前列腺素。不论采用什么处理方式，处理结束时，配合使用孕马血清促性腺激素，可提高同期发情率和受胎率。

【注意】

同期发情处理后，虽然大多数母牛的卵泡能正常发育和排卵，但不少母牛无外部发情征状和性行为表现，或表现非常微弱，这可能是由于激素未达到平衡状态。第二次自然发情时，其外部征状、性行为和卵泡发育则趋于一致。

2）超数排卵。超数排卵简称超排，就是在母牛发情周期的适当时间注射促性腺激素，使卵巢比自然状况下有更多的卵泡发育并排卵。超数排卵可以诱发多个卵泡发育，增加受胎比例（双胎率提高），提高繁殖率。

① 药物种类。用于超排的药物大体可分为两类：一类促进卵泡生长发育，另一类促进排卵。前者主要有孕马血清促性腺激素和促卵泡素，后者主要有人绒毛膜促性腺激素和促黄体素。

② 处理方法。处理时间一般在预计发情到来之前 4 天（即发情周期的第 16 天），注射促卵泡素或孕马血清促性腺激素，在出现发情的当天注射人绒毛膜促性腺激素。目前各国对供体母牛进行超排处理的方法是：供体母牛发情周期的中期肌内注射孕马血清促性腺激素，以诱导母牛有多数卵泡发育，两天后肌内注射前列腺素 F2a 或其类似物，以消除黄体，2~3 天内母牛发情。为了使排出的卵子有较多的受精机会，一般在发情后授精 2~3 次，每次间隔 8~12 小时。

我国内蒙古自治区制定了超数排卵的地方标准，即促卵泡素 5 天注射法：以母牛发情之日作为周期的 0 天，在母牛发情周期的第 9 天，每天早上（7：00~8：00）和晚上（19：00~20：00）各注射一次促卵泡素，连续注射 5 天，递减注射。

影响超数排卵效果的因素有很多。一般不同品种、不同个体用同样的方法处理，其效果差别很大。青年母牛超数排卵效果优于经产母牛。此外，使用促性腺激素的剂量，前次超排至本次发情的间隔时间、采卵时间等均可影响超排效果。如反复对母牛进行超排处理，需间隔一定时期。一般第二次超排应在首次超排后 60~80 天进行，第三次超排应在第二次超排后 100 天进行。增加用药剂量或更换激素制剂，药量过大、过于频繁地对母牛进行超排处理，不仅超排效果差，还可能导致卵巢囊肿等病变。

3）诱发发情。诱发发情是对牛繁殖控制的一种技术，它是指在母牛乏情期（如泌乳期生理性乏情、生殖病理性乏情）借助外源激素或其他方法人为引起母牛发情并进行配种，从而缩短母牛繁殖周期的一种技术。根据母牛的不同状况，可采用如下方法。

① 生长到初情期仍不见初次发情的青年母牛。可用"三合激素"

（雌激素、雄激素和孕激素的配伍制剂）处理，剂量一般为 3~4 支/头。或用 18-甲基炔诺酮 15~25 毫克/头进行皮下埋植，12 周后取出，同时每头注射 800~1000 国际单位的孕马血清促性腺激素，可诱发发情。

② 对于泌乳期处于乏情的母牛。应促使犊牛断奶并与母牛隔离，同时肌内注射 100~200 国际单位促卵泡素，每天或隔天注射 1 次。每次注射后必须做检查，如无效，可连续应用 2~3 次，直至有发情表现为止。

③ 患持久黄体或黄体囊肿的母牛。可用前列腺素 F2α 进行治疗。前列腺素的作用是溶解黄体，从而引发发情。前列腺素的用量为：子宫内灌注只需 1 毫升，肌内注射需 2 毫升。另外，肌内注射初乳 20 毫升的同时注射新斯的明 10 毫克，在发情配种时再注射促性腺激素释放激素（GnRH）类似物（如 LRH-A1）100 微克，也可诱导母牛发情并排卵。

4）胚胎移植。胚胎移植又称受精卵移植，就是将一头母牛（供体）的受精卵移植到另一头母牛（受体）的子宫内，使之正常发育，俗称"借腹怀胎"。胚胎移植不仅可以充分发挥优良母牛的繁殖潜力（一般情况下，一头优良成年母牛一年只能繁殖一头犊牛，应用胚胎移植技术，一年可得到几头至几十头优良母牛的后代，大大加速了良种牛群的建立和扩大），而且可以诱发肉牛产双胎（对发情的母牛配种后，再移植一个胚胎到排卵对侧子宫角内。这样配种后未受孕的母牛可能因接受移植的胚胎而妊娠，而配种后的受体母牛则由于增加了一个移植的胚胎而怀双胎。另外，也可对未配种的母牛在两侧子宫角各移植一个胚胎而怀双胎，从而提高生产效率）。

二、让肉牛长得更快

依据肉牛的生长发育规律，选择适宜的品种，提供良好的环境条件，进行科学的饲养管理，最大限度发挥肉牛的生长潜力，使肉牛长得更快。

1. 肉牛的生长发育规律

肉牛生长发育的最直接指标就是体重，肉犊牛体重增长的规律可分为体重增长的一般规律、体重增长的不平衡性及补偿增长规律。生产上应根据肉犊牛的体重增长规律来提供充足的营养，使其能够快速地生长发育，以达到良好的饲养效果，提高肉牛养殖的经济效益。

（1）肉犊牛体重增长的一般规律　肉犊牛体重增长的一般规律可按出生前的体重和出生后的体重来区分。在犊牛出生前，胎儿在妊娠期的前4个月生长速度较为缓慢，以后会逐渐加快，妊娠后期是胎儿体重增长最快的时期。肉犊牛的大部分体重都是在母牛的妊娠后期增长的。犊牛在胎儿时期各阶段的生长发育是不均衡的，其中，用来维持生命需要的头、内脏、四肢骨骼等重要器官的生长发育速度较快，而肌肉和脂肪的生长发育速度较慢。因此，一般不将初生的犊牛用来育肥，因为这样饲养不够经济。

胎儿出生后，在营养充足的情况下，其体重在性成熟时呈加速增长，发育成熟后，增重的速度会逐渐变慢。所以，肉牛在12月龄前生长速度较快，随后会逐渐减慢，而这一阶段的采食量会逐渐增大，如果继续饲喂不但不会获得较高的产肉量，反而会造成饲料的浪费。因此，当肉牛体成熟达到1.5~2岁时进行销售、屠宰较为经济。

（2）肉犊牛体重增长的不平衡性　肉犊牛的体重增长是不平衡的，这是肉牛体重增长规律的主要特点之一。这种不平衡性主要表现在犊牛从初生到6月龄的生长发育速度要比6~12月龄的生长发育速度快得多，到了12月龄以后，生长速度开始明显减慢，在接近成熟后的生长速度则更慢。例如，夏洛来牛从出生到6月龄的平均日增重为1.15~1.18千克，而到了6~12月龄，平均日增重则下降到0.5千克。肉牛每天摄入的饲料主要用于维持生命活动和基础代谢的需要，剩余的部分则用来增重，所以，体重增长速度快的牛用于维持需要的饲料的养分占总养分的比例相对要少，饲料的转化率高。研究表明，平均日增重1.1千克的犊牛维持需要的饲料量占总饲料量的38%，平均日增重为0.8千克的犊牛维持需要的饲料量占总饲料量的47%。所以，在肉牛养殖生产中要掌握肉牛生长发育不平衡性这一特点，在其生长发育快速的阶段给予充足的营养物质，以保证肉牛快速增重，提高养殖效率。

（3）肉犊牛体重的补偿增长规律　在肉犊牛生长发育的阶段，营养

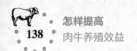

不足会导致其生长发育速度下降，当在后期的某一阶段恢复高营养供给后，其生长发育的速度要比其他正常饲养的肉牛要快，在经过一段时间的饲养后，体重可恢复正常，肉牛的这种生长特性就叫作补偿增长。这就是育肥架子牛可获得良好经济效益的主要原因。因为在肉牛的补偿增长阶段，肉牛的生长速度、采食量及饲料的利用率等指标都要高于正常生长发育的肉牛。尽管如此，由于补偿增长的肉牛达到与正常生长的肉牛相同的体重所需要的时间要长，虽然饲料的利用率较高，但是在整个饲养周期里饲料的转化率较低。另外，补偿增长的肉牛即使在饲养周期结束后可以达到体重要求，但是体组织仍然会受到一定程度的影响，表现为补偿增长的肉牛在屠宰后的骨成分较高、脂肪成分较低。

但肉犊牛并不是在任何情况下都可以获得补偿增长。在生长发育的早期，当肉犊牛的营养供给严重不足时，会导致其增长速度受到严重的影响，而使肉犊牛易形成僵牛。如果肉犊牛长期处于低营养水平的饲养条件下，则获得补偿增长较为困难，即使可以补偿增长，效果也较差。

【注意】

  在肉牛的饲养管理过程中，要想利用肉牛补偿增长这一规律，要注意肉牛生长受阻的时间最长不能超过 6 个月，并且生长受阻的时间最好不要选在胚胎期及出生到 3 月龄这段时期，否则补偿效果不好。

2. 影响肉牛生长的因素

（1）**品种和类型** 不同品种和类型的牛产肉性能有很大差异，这是影响育肥效果的重要因素之一。肉用牛比肉乳兼用牛、乳用牛和役用牛能较快地结束生长，因而能在早期进行育肥，提前出栏，节约饲料，并且能获得较高的屠宰率和胴体出肉率，肉的质量也好。

（2）**年龄** 牛的年龄不同，屠体品质不同。幼龄牛的肉纤维细嫩、水分含量高（初生犊牛水分含量在 70% 以上）、脂肪含量少，味鲜、多汁。随着牛的年龄增长，肉的纤维变粗、水分含量减少（两岁阉牛胴体水分含量为 45%）、脂肪含量增加。不同年龄的牛售价也有很大差异，年龄不同，增重速度不同。出生后第一年内，牛的器官和组织生长最快，以后速度减缓。肉牛在 1~2 岁屠宰为好。幼牛维持消耗少，单位增重所耗饲料少，饲料利用率高。因此，幼牛育肥较老年牛育肥经济。

（3）**性别** 牛的性别对体形、胴体形状和结构、肉的品质、胴体肥度都有很大的影响。消费者的喜好不同，商业价格也有较大差异，因此，往往将肉用牛按性别和大小分为五类。早期去势公牛（阉小公牛）是在性成熟前未表现公牛特征时去势的公牛，这是市场供应最多的牛。小母牛（没有妊娠或尚处于妊娠期、发育尚未结束的母牛）适于短期育肥，可早结束发育，提早上市。阉大公牛（已表现雄性特征和性成熟后去势的公牛）、公牛（未去势的公牛）、母牛（已分娩一胎或一胎以上，以及初胎妊娠后期、虽未妊娠已结束发育、具备成年母牛形态的牛）增重成本较 1 岁牛增加 50%~100%（育肥为脂肪堆积），只适于短期育肥后上市。

牛的性别不同，增重速度不同。公牛的增重速度最快，阉牛次之，母牛最低。特别是育成公牛和阉牛相比，生长率提高 7%~8%，饲料报酬较高（增重 1 千克所需饲料少 12%），眼肌面积大，胴体瘦肉含量多，最佳屠宰体重提高 6%~10%，达到相同胴体质量时，活重较大、屠宰率高、脂肪少、可食肉比例高，因而商品价值高。

母牛和阉牛、公牛的肉质相比，具有肌纤维细嫩、结缔组织少、肉味好的特点。但是育肥生长速度慢，易受发情干扰。在育肥时，可在育肥后期进行配种，使之妊娠或摘除卵巢，以消除发情干扰。淘汰母牛和老龄母牛育肥时肉质差，增重多为脂肪，成本高，可以充分利用粗饲料各种残渣，以节约成本。并且育肥期不宜过长，体形较为丰满时屠宰最为适宜。

（4）**饲养水平和饲养状况** 饲养水平和饲养状况是提高产肉量和肉品质的最主要因素，正确地进行饲养，组织安排放牧育肥和舍饲育肥是肉牛生产的决定性环节。饲养好的幼年阉牛比饲养差的牛的体重、胴体重、肉和油脂产量等都高 1 倍多。另外，合理放牧和利用草场，100~150 天便可增加体重 100~150 千克，幼牛的体重增长 60%~70%，成年牛的体重增长 40%~50%。

（5）**环境条件** 良好的环境条件和肥沃的土地可以生产丰富、优质的牧草，减少牛的维持需要饲料量，从而提高牛的产肉性能和牛肉的品质。而低温、山地和劣质草场则往往限制牛的生产性能。在海拔 3000 米以上未经改良的草场中的阉牛和母牛 200 日龄体重分别比在海拔 100 米以下的围栏人工草场地区的牛的体重低 54 千克和 47 千克，各种杂种牛 200 日龄优势体重减少 9.1 千克。由此可见，在肉牛生产中，创造良好的饲养管理条件是十分必要的。

（6）**杂交** 杂交可以产生活力、适应性、生长发育、产肉性能等方面的杂种优势，在肉牛生产中已广泛利用经济杂交来提高产肉性能。美国的试验证明，杂种牛比纯种牛产肉量提高 15%～20%，三品种杂交比两品种杂交产肉量提高 5% 左右。

（7）**双肌的发育** 近年来，在肉牛的选种工作中，对肌肉的发育很重视。双肌是对肉牛臀部肌肉过度发育的形象称呼。早在 200 年前，已发现牛的肌肉发育有双肌现象，在短角牛、海福特牛、夏洛来牛等品种中均有出现。目前，双肌现象在夏洛来牛中最多，且公牛较母牛多。双肌牛有如下特点：一是以膝关节为圆心至臀端为半径画一圆，双肌的臀部外缘正好与圆周吻合。但非双肌的牛的臀部外缘在圆周以内。双肌牛由于后躯肌肉特别发达，能看出肌肉间有明显的凹陷沟痕，牛行走时，肌肉移动明显，且后腿向前向外侧，尾根突出，尾根附着向前。二是双肌牛沿脊柱两侧和背腰的肌肉很发达，形成"复腰"，腹部上收，体躯较长。三是肩区肌肉较发达，但不如后躯，肩肌之间有凹陷。颈短较厚，上部呈弓形。四是双肌牛生长快，早熟。

双肌的特性随牛的成熟而变得不明显。公牛的双肌比母牛明显。双肌牛胴体特点是：脂肪沉积比正常牛少 3%～6%，瘦肉多 8%～11.8%，骨少 2.3%～5%，个别双肌牛的肌肉可比正常牛多 20%；双肌牛的主要缺点是繁殖力差，妊娠期延长，难产多。

（8）**育肥程度** 育肥程度也是影响牛肉产量和质量的主要因素。只有外表育肥程度好的牛，才是体重大、肉产量和质量好的牛，胴体的高等级比例和优质切块比例高的牛。

3. 犊牛的饲养管理

犊牛是指初生至断乳前的小牛。肉用牛的哺乳期通常为 6 个月。

（1）犊牛的饲养

1）早喂初乳。初乳是母牛产犊后 5~7 天内所分泌的乳。初乳色深黄而黏稠，干物质总量较常乳高 1 倍。总干物质中除乳糖较少外，其他成分的含量都较常乳多，尤其是蛋白质、灰分和维生素 A 的含量较多。蛋白质中含有大量免疫球蛋白，对增强犊牛的抗病力起关键作用。初乳中含有较多的镁盐，有助于犊牛排出胎便。此外，初乳中各种维生素的含量较高，对犊牛的健康与发育有着重要的作用。

犊牛出生后，应尽快让其吃到初乳。一般犊牛出生后 0.5~1 小时便能自行站立，此时要引导犊牛接近母牛乳房，寻食母乳。若有困难，则需人工辅助哺乳。若母牛健康、乳房无病，可令犊牛直接吮吸母乳，随母自然哺乳。

【提示】

　　若母牛产后生病死亡，可由同期分娩的其他健康母牛代哺初乳。在没有同期分娩母牛初乳的情况下，也可给犊牛喂牛群中的常乳，但每天需补饲 20 毫升鱼肝油。另外，给犊牛喂 50 毫升的植物油以代替初乳的轻泻作用。

2）饲喂常乳。可以采用随母哺乳法、保姆牛法和人工哺乳法给哺乳犊牛饲喂常乳。

① 随母哺乳法。让犊牛和其生母在一起，从哺喂初乳至断奶，一直采用自然哺乳。为了给犊牛早期补饲、促进犊牛发育和诱发母牛发情，可在母牛栏的旁边设一犊牛补饲间，短期内让母牛与犊牛隔开。

② 保姆牛法。选择健康无病、气质安静、乳及乳头健康、泌乳量中下等的奶牛（若代哺犊牛仅有一头，选同期分娩的母牛即可，不必非用奶牛）做保姆牛，再按每头犊牛日食 4~4.5 千克乳量的标准，选择数头年龄和气质相近的犊牛固定哺乳。将犊牛和保姆牛都安置在隔有犊牛栏的同一牛舍内，每天定时哺乳 3 次。犊牛栏内要设置饲槽及饮水器，以

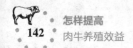

利于补饲。

③ 人工哺乳法。当找不到合适的保姆牛或为奶牛场淘汰犊牛哺乳时多用此法。新生犊牛结束 5~7 天的初乳期以后，可人工哺喂常乳。犊牛的参考哺乳量见表4-7。哺乳时，可先将装有牛奶的奶壶放在热水中进行加热消毒（不能直接放在锅内煮沸，因为过热会影响蛋白质的凝固和酶的活性），待冷却至 38~40℃ 时哺喂，5 周龄以内每天喂 3 次，6 周龄以后每天喂 2 次。喂后立即用消毒的毛巾为犊牛擦嘴；缺少奶壶时，也可用小奶桶哺喂。

表4-7　不同周龄犊牛的日哺乳量　　（单位：千克）

类别	周龄						全期用乳
	1~2	3~4	5~6	7~9	10~13	14 以后	
大型牛	4.5~6.5	5.7~8.1	6.0	4.8	3.5	2.1	540
小型牛	3.7~5.1	4.2~6.0	4.4	3.6	2.6	1.5	400

3）早期补饲植物性饲料。采用随母哺乳时，应根据草场质量对犊牛进行适当的补饲，既有利于满足犊牛的营养需要，又利于犊牛的早期断奶。采用人工哺乳时，要根据饲养标准配合日粮，早期让犊牛采食干草、精饲料等植物性饲料。

① 干草。从犊牛 7~10 日龄开始，训练其采食干草。在犊牛栏的草架上放置优质干草，供其采食咀嚼，可防止其舔食异物，促进犊牛的发育。

② 精饲料。犊牛出生后 15~20 天，开始训练其采食精饲料（精饲料配方见表4-8）。初喂精饲料时，可在给犊牛喂完牛乳后，将饲料涂在犊牛嘴唇上，诱其舔食。经 2~3 天后，可在犊牛栏内放置饲料盘，放上饲料后任其自由舔食。因犊牛初期采食量较少，饲料不应多放，且每天必须更换，以保持饲料的新鲜和饲料盘的清洁。最初每头犊牛日喂干粉料 10~20 克，数日后可增至 80~100 克，等适应一段时间后，再喂混合湿料，即将干粉料用温水拌湿，经糖化后饲喂。湿料给量可随日龄的增加而逐渐加大。

表 4-8　犊牛的精饲料配方

组成	配比			
	配方 1	配方 2	配方 3	配方 4
干草粉颗粒（%）	20	20	20	20
玉米粗粉（%）	37	22	55	52
糠粉（%）	20	40	0	0
糖蜜（%）	10	10	10	10
饼粕类（%）	10	5	12	15
磷酸二氢钙（%）	2	2	2	2
其他微量盐类（%）	1	1	1	1
合计（%）	100	100	100	100

③ 多汁饲料。从犊牛出生后 20 天开始，在混合精饲料中加入 20~25 克切碎的胡萝卜，以后逐渐增加。如无胡萝卜，可饲喂甜菜和南瓜等，但喂量应适当减少。

④ 青贮饲料。从犊牛 2 月龄开始饲喂。最初每天喂 100~150 克，3 月龄可喂 1.5~2.0 千克，4~6 月龄增至 4~5 千克。

4）饮用水。牛奶中的含水量不能满足犊牛正常代谢需要，必须训练犊牛尽早饮水。最初饮 36~37℃ 的温开水，10~15 日龄后可改饮常温水，1 月龄后可在运动场内备足清水，让犊牛自由饮用。

【注意】

为预防犊牛腹泻，可补饲抗生素饲料。每头犊牛每天补饲 1 万国际单位的金霉素，30 日龄以后停喂。

（2）犊牛的管理

1）注意保温、防寒。特别是在我国北方地区，冬季天气严寒，要注意犊牛舍的保暖，防止贼风侵入。在犊牛栏内要铺柔软、干净的垫草，保持舍温在 0℃ 以上。

2）去角。对于将来做育肥的犊牛和群饲的牛，去角更有利于管理，去角的适宜时间多在犊牛出生后7~10天。去角的方法有电烙法和固体苛性钠法两种。电烙法是将电烙器加热到一定温度后，牢牢地压在角基部，直到其下部组织烧灼成白色为止（不宜太久、太深，以防烧伤下层组织），再涂以青霉素软膏或硼酸粉。固体苛性钠法应在晴天且哺乳后进行。先剪去角基部的毛，再用凡士林涂一圈，以防以后药液流出而伤及头部或眼部，然后将棒状苛性钠用水稍微湿润后涂擦角基部，至表皮有微量血渗出为止。在伤口未变干之前，不宜让犊牛吃母乳，以免腐蚀母牛乳房的皮肤。

3）母子分栏。在小规模拴系饲养的母牛舍内，一般都设有产房及犊牛栏，但不设犊牛舍。在规模大的牛场或散放式牛舍，另设有犊牛舍及犊牛栏。犊牛栏分单栏和群栏两类。犊牛出生后，即在靠近产房的单栏中饲养，采用每栏一犊的隔离管理，一般1月龄后才过渡到群栏。同一群栏内的犊牛月龄应一致或相近，因为不同月龄的犊牛除对饲料的要求不同以外，对于环境温度的要求也不相同，若混养在一起，对犊牛的饲养管理和健康都不利。

4）刷拭。在犊牛期，由于基本上采用舍饲方式，犊牛的皮肤易粘附粪及尘土而形成皮垢，这样不仅降低皮毛的保温与散热力，使皮肤血液循环恶化，而且犊牛也易患病。为此，每天必须对犊牛刷拭一次。

5）运动与放牧。犊牛从出生后8~10日龄起，即可在犊牛舍外的运动场做短时间的运动，以后可逐渐延长运动时间。如果犊牛出生在温暖的季节，开始运动的日龄还可适当提前，但需根据气温的变化掌握每天的运动时间。

有条件的地方可以从犊牛出生后第二个月开始放牧，但在40日龄以前，犊牛对青草的采食量极少。此时放牧主要是让犊牛运动，对促进犊牛的采食量和健康发育都很重要。在管理方面，应安排适当的运动场或放牧场，场内要常备清洁的饮用水，在夏季必须有遮阴条件。

4. 肉牛的育肥

肉牛育肥，根据不同的分类方法可分为如下几个体系：按性能划分，可分为普通肉牛育肥和高档肉牛育肥；按年龄划分，可分为犊牛育肥、青年牛育肥、成年牛育肥、淘汰牛育肥；按性别划分，可分为公牛育肥、母牛育肥、阉牛育肥；根据饲料类型，可分为精饲料型直线育肥、前粗后精型架子牛育肥。

（1）肉牛育肥方式　肉牛育肥方式可分为放牧育肥、半舍饲半放牧育肥、舍饲育肥3种。

1）放牧育肥方式（彩图26）。放牧育肥是指从犊牛到出栏牛完全采用草地放牧而不补充任何饲料的育肥方式，也称草地畜牧业。这种育肥方式适于人口较少、土地充足、草地广阔、降雨量充沛、牧草丰盛的牧区和部分半农半牧区。例如，新西兰肉牛育肥基本上以这种方式为主，一般犊牛自出生至18月龄，体重达400千克时便可出栏。

如果有较大面积的草山、草坡可以种植牧草，在夏季青草期除供放牧外，还可保留一部分草地，收割调制青干草或青贮饲料，作为越冬饲料用。这种方式虽然最为经济，但饲养周期长。

2）半舍饲半放牧育肥方式。在夏季青草期，牛群采取放牧育肥，而在寒冷干旱的枯草期，将牛群在舍内圈养，这种半集约式的育肥方式称为半舍饲半放牧育肥。

这种方式通常适用于热带地区，因为热带地区夏季牧草丰盛，可以满足肉牛生长发育的需要，而冬季低温少雨，牧草生长不良或不能生长。我国东北地区也可采用这种方式。但由于牧草不如热带丰盛，故夏季一般采用白天放牧、晚间舍饲，并补充一定的精饲料，冬季则全天舍饲。

采用半舍饲半放牧育肥，应将母牛控制在夏季牧草期开始时分娩。当犊牛出生后，随母牛放牧，自然哺乳，这样，母牛在夏季有优良的青嫩牧草可以采食，故泌乳量充足，能哺育出健康的犊牛。当犊牛生长至5~6月龄、断奶重达100~150千克时，即采用舍饲，为过冬补充一点精饲料。在第二年青草期，采用放牧育肥，冬季再回到牛舍，舍饲3~4个月即可达到出栏标准。这种方式的优点是：可利用最廉价的草地放牧，犊牛断奶后可以低营养过冬，第二年在青草期放牧，能获得较理想的补偿增长；在屠宰前有3~4个月的舍饲育肥，胴体优良。

3) 舍饲育肥方式。肉牛从出生到屠宰全部实行圈养的育肥方式称为舍饲育肥。舍饲的突出优点是使用土地少、饲养周期短、牛肉质量好、经济效益高。缺点是投资多，需要较多的精饲料。这种方式适用于人口多、土地少、经济较发达的地区。美国盛产玉米，且玉米的价格较低，舍饲育肥已成为美国肉牛育肥的一大特色。舍饲育肥又可分为拴饲和群饲。

① 拴饲。舍饲育肥较多的肉牛时，每头牛分别拴系给料，称之为拴饲。其优点是便于管理，能保证同期增重，饲料报酬高。缺点是牛的运动少，影响生理发育，不利于育肥前期增重。一般情况下，给料量一定时，拴饲效果较好。

② 群饲。一般每 6 头牛为一群，每头牛所占面积为 4 米^2。为避免斗架，育肥初期每群牛的数量可多些，然后逐渐减少头数。或者在给料时，用链或连动式颈枷保定。如在采食时不保定，可设简易牛栏，将牛分开，让其自由采食，以防止牛抢食而造成增重不均。但如果发现有被挤出采食行列而怯食的牛，应另设饲槽，单独喂养。群饲的优点是：节省劳动力，牛不受约束，利于牛的生理发育。群饲的缺点是：一旦抢食，牛的体重会参差不齐；在限量饲喂时，应该用于增重的饲料反转到运动上，降低了饲料报酬。当饲料充分、牛自由采食时，群饲效果较好。

(2) 犊牛育肥方法　犊牛育肥又称小肥牛育肥，是指犊牛出生后 5 个月内，在特殊饲养条件下育肥至 90~150 千克时屠宰，生产出风味独特、肉质鲜嫩多汁的高档犊牛肉。犊牛育肥以全乳或代乳品为饲料，在缺铁条件下饲养，肉色很淡，故又称"白牛"生产。

1) 犊牛的选择。

① 品种。一般利用奶牛业中不作种用的公犊进行犊牛育肥。在我国，多数地区以黑白花奶牛公犊为主，主要原因是黑白花奶牛公犊前期生长快、育肥成本低，且便于组织生产。

② 性别、年龄与体重。一般选择初生重不低于 35 千克、无缺损、健康状况良好的初生公犊牛。

③ 体形外貌。选择头方大、前管围粗壮、蹄大的犊牛。

2）饲养管理。

① 饲料。由于犊牛吃了草料后肉色会变暗，不受消费者欢迎，为此，犊牛育肥不能直接饲喂精饲料、粗饲料，应以全乳或代乳品为饲料。代乳品参考配方见表4-9。

表4-9　代乳品参考配方

配方类型	配方
丹麦配方	脱脂乳60%~70%、猪油5%~15%、乳清15%~20%、玉米粉1%~5%、矿物质+微量元素2%
日本配方	脱脂乳60%~70%、鱼粉5%~10%、豆饼5%~10%、油脂5%~10%

② 饲喂。犊牛的饲喂应实行计划采食。以代乳品为饲料的饲喂计划见表4-10。

表4-10　代乳品饲喂量

周龄	代乳品/克	水/千克	代乳品：水
1	300	3	100
2	660	6	110
8	1800	12	145
12~14	3000	16	200

注：1~2周龄代乳品温度为38℃左右，以后为30~35℃。

饲喂全乳的同时也要加喂油脂。为更好地消化脂肪，可将牛奶均质化，使脂肪球变小。如能喂当地的黄牛奶、水牛奶，效果会更好。

用奶嘴饲喂，每天喂2~3次，最初日喂量3~4千克，以后逐渐增加到8~10千克，4周龄后能吃多少喂多少。

③ 管理。严格控制饲料和水中铁的含量，强迫牛在缺铁条件下生长。控制牛与泥土、草料的接触，牛栏地板尽量采用漏粪地板。如果是水泥地面，应加垫料，垫料要用锯末，不要用秸秆、稻草，以防牛采食。饮水要充足，且定时定量。如果有条件，犊牛应单独饲养。如果几个犊

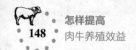

牛圈养，应带笼嘴，以防吸吮牛的耳朵或其他部位。舍温要保持在20℃
以下、14℃以上，通风良好。要让犊牛吃足初乳，最初几天要在每千克
代乳品中添加40毫克抗生素及维生素A、维生素D、维生素E。2~3周
时要经常检查体温和采食量，以防犊牛发病。

④ 屠宰月龄与体重。犊牛饲喂到1.5~2月龄，体重达到90千克时
即可屠宰。如果犊牛增长率很好，进一步饲喂到3~4月龄，体重达170
千克时屠宰，也可获得较好的效果。但屠宰月龄超过5月龄以后，单靠
饲喂牛乳或代乳品，犊牛增长率就差了，且年龄越大，牛肉越显红
色，肉质较差。

(3) 青年牛育肥方法　青年牛育肥主要是利用幼龄牛生长快的特
点，在犊牛断奶后直接转入育肥阶段，给以高水平营养，进行持续强度
的育肥，13~24月龄出栏，出栏体重达到360~550千克。这类牛肉鲜嫩
多汁、脂肪少、适口性好，是上等牛肉。

1) 舍饲强度育肥。青年牛的舍饲强度育肥一般分为适应期、增肉
期和催肥期3个阶段。

① 适应期。刚进舍的断奶犊牛还不适应环境，一般需要一个月左右
的适应期。应让其自由活动、充分饮水，饲喂少量优质青草或干草，麸
皮的日饲喂量为0.5千克/头，以后逐步增加麸皮的饲喂量。当犊牛能进
食麸皮1~2千克时，逐步换成育肥料。其参考配方如下：酒糟5~10千
克，干草15~20千克，麸皮1~1.5千克，食盐30~35克。

② 增肉期。增肉期一般有7~8个月，分为前后两期。前期日粮参考
配方为：酒糟10~20千克，干草5~10千克，麸皮、玉米粗粉、饼类各
0.5~1千克，尿素50~70克，食盐40~50克。喂尿素时，将其溶解在水
中，与酒糟或精饲料混合饲喂。切忌将尿素放在水中让牛饮用，以免中
毒。后期参考配方为：酒糟20~25千克，干草2.5~5千克，麸皮0.5~1
千克，玉米粗粉2~3千克，饼类1~1.3千克，尿素125克，食盐50~
60克。

③ 催肥期。催肥期主要是促进牛体膘肉丰满、沉积脂肪，一般为2
个月。日粮参考配方如下：酒糟20~30千克，干草1.5~2千克，麸皮

1～1.5 千克，玉米粗粉 3～3.5 千克，饼类 1.25～1.5 千克，尿素 150～170 克，食盐 70～80 克。为提高催肥效果，可使用瘤胃素。每天将 200 毫克瘤胃素混于精饲料中饲喂，牛的体重可增长 10%～20%。

肉牛舍饲强度育肥要掌握短缰拴系（缰绳长 0.5 米）、先粗后精、最后饮水、定时定量饲喂的原则。每天饲喂 2～3 次，饮水 2～3 次。喂精饲料时，应先用水将酒糟拌湿，或干、湿酒糟各半混均，再加麸皮、玉米粗粉和食盐等。牛吃到最后时，加入少量玉米粗粉，让牛把料吃净。在给料后 1 小时左右饮水，要提供 15～25℃的清洁温水。

舍饲强度育肥的育肥场形式有：全露天育肥场（无任何挡风屏障或牛棚，适于温暖地区）；全露天育肥场（有挡风屏障）；有简易牛棚的育肥场；全舍饲育肥场（适于寒冷地区）。以上形式应根据投资能力和气候条件而定。

2）放牧补饲强度育肥。这种方式是指犊牛断奶后进行越冬舍饲，到第二年春季，结合放牧，适当补饲精饲料。采用这种育肥方式，精饲料用量少，牛每增重 1 千克，约消耗精饲料 2 千克。但日增重较低，平均日增重在 1 千克以内。15 月龄的牛体重为 300～350 千克，18 月龄的牛体重为 400～450 千克。

放牧补饲强度育肥的饲养成本低，育肥效果较好，适合半农半牧区。

【注意】

放牧补饲强度育肥不能在出牧前或收牧后立即补饲，应在回舍后数小时补饲，否则会减少放牧时牛的采食量。当天气炎热时，应早出晚归，中午多休息，必要时可夜牧。当补饲时，如粗饲料以秸秆为主，其精饲料配方按月份调整。1～5 月配方为：玉米面 60%，油渣 30%，麦麸 10%。6～9 月配方为：玉米面 70%，油渣 20%，麦麸 10%。

3）谷实饲料育肥法。谷实饲料育肥法是一种强化育肥的方法，要求完全舍饲，使牛在不到 1 周岁时活重达到 400 千克以上，平均日增重达 1 千克以上。要达到这个指标，可在 1.5～2 月龄时给犊牛断奶，饲喂可消化粗蛋白质含量为 17% 的混合精饲料日粮，使犊牛在近 12 周龄时体重达到 110 千克。之后用可消化粗蛋白质含量为 14% 的混合料饲喂，到 6~7 月龄时犊牛体重可达 250 千克。然后，将可消化粗蛋白质含量降到 11.2%，使牛在接近 12 月龄时体重达 400 千克以上，公犊牛甚至可达 450 千克。谷实饲料育肥的精饲料报酬见表 4-11。

表 4-11　不同月龄牛的精饲料报酬

阶段	日增重/千克		每千克增重需混合料/千克	
	公犊	阉牛犊	公犊	阉牛犊
5 周龄前	0.45	0.45	—	—
6 周龄~3 月龄	1.00	0.90	2.7	2.8
3~6 月龄	1.30	1.20	4.0	4.3
6 月龄~屠宰龄	1.40	1.30	6.1	6.6

用谷实饲料育肥，原由粗饲料提供的营养改为谷实（如大麦或玉米）和高蛋白质精饲料（如豆饼类）提供，每千克增重需 4~6 千克精饲料。典型试验和生产总结证明，如果用糟渣料和氮素、无机盐等为主的日粮，每千克增重仍需 3 千克精饲料。因此，谷实饲料育肥在我国不可取，或只可短期采用，以弥补粗饲料育肥法的不足。

从品种上考虑，要达到这种高效的育肥效果必须是大型牛种及其改良牛，一般黄牛品种是无法达到的。为降低精饲料消耗，可选用以下代用品。

① 尿素代替蛋白质饲料。牛的瘤胃微生物能利用游离氨合成蛋白质，所以，饲料中添加尿素可以代替一部分蛋白质。添加尿素时应掌握以下原则：一是只能在牛的瘤胃功能成熟后添加。按牛龄估算，应在出生后 3 个半月以后。实践中多按体重估算，一般牛要求体重达 200 千克，大型牛则要求体重达 250 千克。过早添加会引起尿素中毒。二是不得空腹喂，要搭配精饲料。三是精饲料中的蛋白质含量要低。精饲料中蛋白质含量一般应低于 12%，如果超过 14%，则尿素不起作用。四是限

量添加。尿素喂量一般占饲料总量的1%，成年牛喂量可达100克，最多不能超过200克。

② 块根块茎代替部分谷实料。按干物质计算，块根与相应谷实所含代谢能相等，成本低。甜菜、胡萝卜、马铃薯都是很好的代用料。对于1岁以内、体重低于250千克的牛，用块根饲料最多代替一半精饲料；对于体重250千克以上的牛，可大部分或全部用块根饲料代替精饲料。但由于全部用块根饲料代替精饲料会增加管理费，且需要调整其他营养成分，在实践中应用不多。

③ 粗饲料代替部分谷实料。用较低廉的粗饲料代替精饲料，可节省精饲料，降低成本。尤其是使用草粉、谷糠秕壳，可收到较好的效果。但用量不能过多，一般以15%为宜，过多会降低牛的日增重，延长育肥期，影响牛肉嫩度。

利用秸秆代替部分精饲料在国内已大量应用，特别是麦秸、氨化玉米秸的应用更为广泛，效果良好。秸秆粉碎后，应加入一定量的无机盐、维生素，若能加工成颗粒饲料，效果会更好。

4）粗饲料为主的育肥法。

① 以青贮玉米为主的育肥法。青贮玉米是高能量饲料，蛋白质含量较低，一般不超过2%。如日粮以青贮玉米为主要成分，牛要获得高的日增重，需要搭配1.5千克以上的混合精饲料。其参考配方见表4-12（育肥期为90天，每阶段各30天）。

表4-12　体重300~350千克育肥牛参考配方　（单位：千克）

饲料	一阶段	二阶段	三阶段
青贮玉米	30	30	25
干草	5	5	5
混合料	0.5	1.0	2.0
食盐	0.03	0.03	0.03
无机盐	0.04	0.04	0.04

以青贮玉米为主的育肥法，牛增重的高低与干草的质量、混合精饲料中豆粕的含量有关。如果干草是苜蓿、沙打旺、红豆草、串叶松香草或优质禾本科牧草，精饲料中豆粕含量占一半以上，则牛的日增重可达1.2千克以上。

② 干草为主的育肥法。在盛产干草的地区，秋冬季能够储存大量优质干草，可采用干草育肥法。具体方法是：优质干草随意采食，每天加1.5千克精饲料。干草的质量对牛的增重效果起关键性作用。大量的生产实践证明，豆科和禾本科混合干草饲喂效果较好，而且还可节约精饲料。

（4）架子牛快速育肥方法 架子牛快速育肥也称后期集中育肥，是指犊牛断奶后，在较粗放的饲养条件下饲养到2~3岁，体重达到300千克以上时，采用强度育肥方式，集中育肥3~4个月，充分利用牛的补偿生长能力，达到理想体重和膘情后屠宰。这种育肥方式成本低，精饲料用量少，经济效益较高，应用较广。

1）育肥前的准备。购牛前1周，应将牛舍粪便清除，用水清洗后，用2%的火碱（氢氧化钠）溶液对牛舍地面、墙壁进行喷洒消毒，用0.1%的高锰酸钾溶液对器具进行消毒，最后再用清水清洗一次。如果是敞圈牛舍，冬季应扣塑膜暖棚，夏季应搭遮阴棚，要通风良好，使其温度不低于5℃。

2）架子牛的选购。架子牛的优劣直接决定着育肥效果与效益。应选夏洛来牛、西门塔尔牛等国际优良品种与本地黄牛的杂交后代，年龄为1~3岁，体形大、皮松软（用手摸摸脊背，若其皮肤松软有弹性，像橡皮筋一样；或将手插入后裆，一抓一大把，皮多且松软，这样的牛上膘快、增肉多），膘情较好，体重在250~300千克，健康无病。

3）驱虫。架子牛入栏后应立即进行驱虫。常用的驱虫药物有阿弗米丁、阿苯达唑、敌百虫、左旋咪唑等。驱虫应在牛空腹时进行，以利于药物吸收。驱虫后，架子牛应隔离饲养2周，对其粪便消毒后，进行无害化处理。

4）健胃。驱虫 3 天后，为增加牛的食欲、改善消化机能，应进行一次健胃。常用于健胃的药物是人工盐，每头牛的口服剂量为每次 60~100 克。

5）饲养。

① 适应期的饲养。从外地引来的架子牛，由于各种条件的改变，要经过 1 个月的适应期。首先让牛安静休息几天，然后饮用 1% 的食盐水，饲喂一些干草及青鲜饲料。对于大便干燥、小便赤黄的牛，用牛黄清火丸调理肠胃。15 天左右进行体内驱虫和疫苗注射，并开始采用秸秆氨化饲料（干草）＋青饲料＋混合精饲料的育肥方式，可取得较好的效果。日粮精饲料用量为 0.3~0.5 千克/头，10~15 天内增加到 2 千克/头。精饲料配方：玉米 70%、饼粕类 20.5%、麦麸 5%、贝壳粉或石粉3%、食盐 1.5%，若有专门的添加剂更好。需注意的是，棉籽饼和菜籽饼必须经脱毒处理后才能使用。

② 过渡育肥期的饲养。经过 1 个月的适应期，开始向强化催肥期过渡。这一阶段是牛生长发育最旺盛的时期，一般为 2 个月。每天按上述的精饲料配方饲喂，开始的饲喂量为 2 千克/天，逐渐增加到 3.5 千克/天，直到牛的体重达到 350 千克，之后每天喂精饲料 2.5~4.5 千克。也可每月称重 1 次，按活体重的 1%~1.5% 逐渐增加精饲料。粗、精饲料比例开始可为 3：1，中期为 2：1，后期为 1：1。在每天的 6：00 和17：00 分两次饲喂。投喂时绝不能一次添加，要分次勤添，先喂一半粗饲料，再喂精饲料，或将精饲料拌入粗饲料中投喂。注意随时拣出饲料中的钉子、塑料等杂物。喂完料后 1 小时，把清洁水放入饲槽中，供牛自由饮用。

③ 强化催肥期的饲养。经过过渡生长期，牛的骨架基本定型，到了最后强化催肥阶段。日粮以精饲料为主，按牛体重的 1.5%~2% 喂料，粗、精饲料比为 1：（2~3），牛体重达到 500 千克左右时出栏。另外，每天喂干草 2.5~8 千克。精饲料配方：玉米 71.5%、饼粕类 11%、尿素 13%、骨粉 1%、石粉 1.7%、食盐 1%、碳酸氢钠 0.5%、添加剂 0.3%。

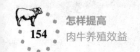

育肥前期，每天饮水 3 次，后期饮水 4 次，一般在饲喂后饮水。

我国架子牛育肥的日粮以青粗饲料或酒糟、甜菜渣等加工副产物为主，适当补饲精饲料。精、粗饲料的比例（按干物质计算）为 1：（1.2～1.5），日干物质采食量为体重的 2.5%～3%。其参考配方见表 4-13。

表 4-13　架子牛育肥期日粮配方表

阶段	干草或青贮玉米秸/千克	酒糟/千克	玉米粗粉/千克	饼类/千克	盐/克
1~15 天	6~8	5~6	1.5	0.5	50
16~30 天	4	12~15	1.5	0.5	50
31~60 天	4	16~18	1.5	0.5	50
61~100 天	4	18~20	1.5	0.5	50

6）管理。育肥架子牛应采用短缰拴系，限制其活动。缰绳长 0.4～0.5 米为宜，使牛不便趴卧，俗称"养牛站"。饲喂要定时定量、先粗后精、少给勤添。每天上午、下午各刷拭牛体一次。经常观察粪便，如粪便无光泽，说明精饲料少，如便稀或有料粒，则精饲料太多或消化不良。

(5) 使用增重剂　用己烯雌酚埋植，可使阉犊牛断奶重提高 5%，母犊牛提高 7%～8%。用二羟基苯酸丙酯，可使肉用犊牛增重提高 5%～25%，可使放牧条件下的育肥阉牛增重提高 11.9%～24.5%。复合增重剂的应用效果高于单一成分的增重剂，雄雌激素配合使用时增重效果是累加的。用合成的十六甲地黄体酮给育肥小母牛口服（剂量为 0.25～0.5 毫克），可使增重提高 11.2%，比使用己烯雌酚提高 6.9%。给短角牛和蒙古牛杂交二代阉牛埋植雌二醇-200，在放牧结合补饲条件下，体重增长 15.3%。

1）增重剂的使用方法。增重剂主要为皮下埋植，效果较好。用量一般很小，每头牛一次仅埋植 20～30 毫克，但其作用可维持 3～4 个月。埋植方法是应用特制的埋植器（枪），选择耳背距耳根 2.5 厘米处，用锋利的针头刺入皮下至软骨以上，针头应拉回 1 厘米，再注进药丸，以保证药丸完整。

2）影响增重剂应用效果的因素。

① 牛体本身。育肥牛的品种、性别、年龄等都会影响增重剂的增重效果。增重剂对阉牛的增重效果最大，其次是母牛、公牛。在其他条件相同时，年龄不同的牛对增重剂的反应也不同。用己烯雌酚处理时，周龄越大，增重效果越明显。所以，对犊牛的性激素处理不宜过早。

② 日粮。增重剂的应用效果受日粮能量、蛋白质水平的影响。由于增重的基本作用是增加体内能、氮的沉积，当日粮能量、蛋白质不能满足需要时，则影响其增重效果。增重剂与离子载体联用效果较好。在埋植增重剂的情况下，饲料中添加拉沙里菌素、莫能菌素、阿伏霉素等，可显著提高牛的日增重。离子载体影响瘤胃消化终产物，加强牛的消化过程，促进能量形成。但这类饲料添加剂不能在放牧场投喂。

③ 增重剂的种类、剂量及施药途径。不同种类的增重剂应用效果有很大差异，即使是同一种增重剂，剂量不同，其作用效果也不一样。剂量过小，达不到增重的目的；剂量过大，增重效果也不一定大，而且还增加牛体组织中激素及其代谢物的残留量。

④ 重复埋植。重复埋植可延长增重剂的利用时间，进一步提高其增重效果。

三、强化经营管理，减少生产消耗

在产品产量一定的情况下，降低生产消耗可以增加效益；在消耗一定的情况下，增加产品产量也可以增加效益。

1. 加强生产运行过程的管理

（1）科学制定劳动定额和操作规程

定额管理。定额管理就是对肉牛场的工作人员进行明确地分工，落实责任到人，以达到充分利用劳动力、不断提高劳动生产效率的目的。定额是编制生产计划的基础。在编制计划的过程中，关于人力、物力、财力的配备和消耗，产供销的平衡，经营效果的考核等计划指标，都是根据定额标准进行计算和研究确定的。只有做好合理的定额，才能制订出先进、可靠的计划。如果没有定额，就不能合理地进行劳动力的配备和调度、物资的合理储备和利用，资金的利用和核算就没有根据，生产就不合理。定额是检验的标准，在一些计划指标的检查中，要借助定额来完成。在计划检查中，检查定额的完成情况，通过分析来发现计划中的薄弱环节。同时，定额也是劳动报酬分配的依据，可以在很大程度上提高劳动生产率。

① 定额的种类（表4-14）。

表4-14　定额的种类

类别	内容要求
人员分配定额	完成一定任务应配备的生产人员、技术人员和服务人员标准
机械设备定额	完成一定生产任务所必需的机械、设备标准或固定资产利用程度的标准
物资储备定额	正常生产需要的零配件、燃料、原材料和工具等物资的必需库存量
饲料储备定额	按生产需要来确定饲料的生产量，包括各种精饲料、粗饲料、矿物质及预混合饲料储备和供应量
产品定额	皮、奶、肉产品的数量和质量标准
劳动定额	生产者在单位时间内完成符合质量标准的工作量，或完成单位产品或工作量所需要的工时消耗，又称工时定额
财务定额	生产单位的各项资金限额和生产经营活动中的各项费用标准，包括资金占用定额、成本定额和费用定额等

② 牛场的主要生产定额。

劳动定额：劳动定额是在一定生产技术和组织条件下，为生产一定合格的产品或完成一定工作量所规定的必须劳动消耗，是计量产量、成本、劳动效率等各项经济指标和编制生产、成本和劳动等计划的基础依据。牛场的劳动定额参考标准见表4-15。

表 4-15　牛场的劳动定额标准

工种	工作内容	每人定额	工作条件
饲养犊牛		哺乳犊牛在 4 月龄断奶。成活率不低于 95%，日增重 800~900 克，管理 35~40 头牛	随母哺乳，配合人工哺乳
幼牛育肥	负责饲喂、饲槽和牛床的卫生管理、牛蹄刷拭及观察牛的食欲	日增重 1000~1200 克，14~16 月龄体重达到 450~500 千克，管理 40~50 头牛	人工
架子牛育肥		日增重 1200~1300 克，育肥 3~5 个月，体重达到 500~600 千克，管理 35~40 头牛	人工
饲料供应	饲料称重入库，加工粉碎，清除异物，配制混合，按需要供给各牛舍	管理 120~150 头牛	手工和机械相结合
配种	按配种计划适时配种，肉用繁殖母牛保证受胎率在 75% 以上，受胎母牛平均使用冻精不超过 2.5 粒（支）	管理 250 头牛	人工授精
兽医	检疫、治疗，接产，医药和器械购买、保管，修蹄，牛舍消毒	管理 200~250 头牛	手工
清洁工	负责运动场粪尿清理及周围环境的卫生	管理 120~150 头牛	手工

　　饲料消耗定额：饲料消耗定额是生产单位增重所规定的饲料消耗标准，是确定饲料需要量、合理利用饲料、节约饲料和实行经济核算的重要依据。在制定饲料消耗定额时，要考虑牛的性别、年龄、生长发育阶段、体重或日增重、饲料种类和日粮组成等因素。全价合理的饲养是节约饲料和取得经济效益的基础。

　　饲料消耗定额的制定方法。肉牛维持生长和生产产品，需要从饲料中摄取营养物质。由于肉牛的品种、性别和年龄、生长发育阶段及体重不同,其营养需要量也不同。因此,在制定不同类别育肥牛的饲料消耗定额时,首先应查找其饲养标准中对各种营养成分的需要量,参照不同饲料的营养价值,确定日粮的配给量。再以日粮的配给量为基础,计算不同饲料在日粮中的占有量。最后,再根据饲料在日粮中的占有量和牛的年饲养头日数(年饲养头日数是指每天饲养牛的头数乘以饲养天数),即可计算出年饲料的消耗定额。由于各种饲料在实际饲喂时都有一定的损耗,尚需要加上一定的损耗量。

一般情况下,每头肉牛平均每天需要优质干草 2 千克、鲜玉米(秸)青贮料 25 千克;每头架子牛育肥平均每天所需精饲料按体重的1.2%配给,直线育肥需要按体重的 1.3%~1.4%定额,放牧补饲按 1 千克增重配给 2 千克精饲料。在生产上,一定要确定精饲料定额,确定增重水平,粗饲料、辅料不定额。

成本定额:成本定额通常指育肥牛增重 1 千克所消耗的生产资料和所付的劳动报酬的总和,包括各种育肥牛的日饲养成本和增重单位成本。

牛群的日饲养成本等于牛群饲养费用除以牛群饲养头日数。牛群饲养费定额即构成日饲养成本各项费用定额之和。牛群和产品的成本项目包括:工资和福利费、饲料费、燃料费和动力费、医药费、牛群摊销、固定资产折旧费、固定资产修理费、低值易耗品费、其他直接费用、共同生产费及企业管理费等。这些费用定额的制定,可参照历年的实际费用、当年的生产条件和计划来确定。

肉牛生产成本主要有饲养成本、增重成本、活重成本和牛肉成本,其中重点是增重成本。

③ 定额的修订。修订定额是搞好计划的一项很重要的内容。定额是在一定条件下制定的,反映了一定时期的技术水平和管理水平。生产的客观条件不断发生变化,因此,定额也应及时修订。在编制计划前,必须对定额进行一次全面的调查、整理、分析,对不符合新情况、新条件的定额进行修订,并补充齐全的定额、制定新的定额标准,使计划的编制有理有据。

（2）**牛场管理制度** 管理制度主要包括考勤制度、劳动纪律、生产责任制、劳动保护、劳动定额及奖惩制度等。制度建立的原则：一是要符合牛场的劳动特点和生产实际；二是内容具体化，用词准确、简明扼要，质和量的概念必须明确；三是要经全场职工讨论通过，并经场领导批准后公布执行；四是必须具有一定的严肃性，制度一经公布，全场干部职工必须认真执行，不能搞特殊化；五是必须具备连续性，应长期坚持，并在生产中不断完善。

① 技术操作规程。技术操作规程是按照科学原理制定的牛场生产中日常作业的技术规范。肉牛群管理中的各项技术措施和操作等均是通过技术操作规程加以贯彻。同时，技术操作规程也是检验生产的依据。对于不同饲养阶段的牛群，按其生产周期制定不同的技术操作规程，如犊牛技术操作规程、育成牛技术操作规程和育肥牛技术操作规程。

技术操作规程的主要内容是：提出饲养任务的生产指标，使饲养人员有明确的目标；指出不同饲养阶段牛群的特点及饲养管理要点；按不同的操作内容分段列条，提出切合实际的要求。

技术操作规程的指标要切合实际，条文要简明、具体，易于落实执行。

② 每天工作程序。规定各类牛舍每天从早到晚的各个时间段内的常规操作，使饲养管理人员有规律地完成各项任务。

③ 综合防疫制度。为了保证牛群的健康和安全生产，场内必须制定严格的防疫措施，对场内外的人员、车辆、场内环境及时或定期消毒，牛舍在空出后应冲洗、消毒，各类牛群的检疫、免疫，对寄生虫病原的定期检查及灭老鼠和夏秋季节的灭蚊蝇等做出规定。

（3）**肉牛场的计划管理** 计划管理就是根据肉牛场情况和市场预测，合理制订生产计划，并落到实处。制订计划就是对肉牛场的投入、产出及其经济效益做出科学的预见和安排。计划是决策目标的具体化，经营计划分为长期计划、年度计划和阶段计划等。

1）编制计划的方法。编制肉牛场计划的常用方法是平衡法，是通过对指导计划任务和完成计划任务所必须具备的条件进行分析、比较，以求得两者的相互平衡。在编制计划的过程中，重点要做好草原

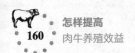

（土地）、劳力、机具、饲料、资金及产销等平衡工作。利用平衡法编制计划主要是通过一系列的平衡表来实现的，平衡表的基本内容包括需要量、供应量和余缺三项。具体运算时，一般采用下列平衡公式：

期初结存数+本期计划增加数-本期需要数=结余数

上式包括三部分，即供应量（期初结存数+本期增加数）、需要量（本期需要量）和结余数。对它们构成的平衡关系进行分析比较，揭露矛盾，采取措施，调整计划指标，以实现平衡。

2）编制计划的程序。编制经营计划必须按照一定的程序进行，具体内容如下：

① 做好各项准备工作。主要是总结上一计划期计划的完成情况，调查市场的需求情况，分析本计划期内的利弊情况，即做好总结、收集资料、分析形势、核实目标、核定计划量等。

② 编制计划草案。主要是编制各种平衡表，试算平衡，调整余额，提出计划大纲，组织修改补充，形成计划草案。

③ 确定计划方案。组织讨论计划草案，并由有关部门审批，形成正式的计划方案。一套完整的计划通常由文字说明的计划报告和一系列计划指标组成的计划表两部分构成。计划报告也叫计划纲要，是计划方案的文字说明部分，是整个计划的概括性描述。计划报告一般包括以下内容：分析上期肉牛的生产发展情况，概括总结上期计划执行中的经验和教训；对当前肉牛生产和市场环境进行分析；对计划期肉牛生产和畜产品市场进行预测；提出计划期的生产任务、目标和计划的具体内容，分析实现计划的有利因素和不利因素；提出完成计划所要采取的组织管理措施和技术措施。计划表是通过一系列计划指标反映计划报告规定的任务、目标和具体内容的形式，是计划方案的重要部分。

3）肉牛场主要生产计划。

① 产品产量计划。计划经济条件下的传统产量计划是依据牛群周转计划而制订的。而市场经济条件下必须反过来计算，即以销定产、以产量计划倒推牛群周转计划。肉牛场的产品产量计划可以细分为种牛供种计划、犊牛生产计划和肉牛出栏计划等。

② 牛群周转计划。在牛场生产中，因购、销、淘汰、死亡、犊牛出生等原因，在一定时间内牛群的结构有增减变化，称为牛群周转计划（表4-16）。肉牛群周转计划是制订其他各项计划的基础，只有制订好周转计划，才能制订饲料计划、产品计划和引种计划。通过牛群周转计划的实施，使牛群结构更加合理，提高产出投入比，提高经济效益。制订牛群周转计划，应综合考虑牛舍、设备、人力、成活率、淘汰和转群移舍时间、数量等，既保证各牛群的增减和周转能够完成规定的生产任务，又可以最大限度地降低各种劳动消耗。

表4-16 牛群的周转计划

日期	年初数/头	本年增加/头			本年减少/头			年末数/头
		繁殖	购进	转入	出售	转出	淘汰或死亡	

③ 牛场饲料供应计划。为使养牛生产有可靠的饲料基础，每个牛场都要制订饲料供应计划。在编制饲料供应计划时，根据牛群周转计划，按全年牛群的年饲养天数乘以各种饲料的日消耗定额，再增加5%~10%的损耗量，确定全年各种饲料的总需要量。还要考虑因牛场发展而增加牛的数量时所需的量，要考虑一年的粗饲料供应计划，对于精饲料、糟渣类料，要留足一个月的量或保证相应的流动资金。精饲料中各种饲料的供应是在确定精饲料的基础上，按能量饲料（玉米）、蛋白质补充料、辅料（麸皮）、矿物质料之比为60：30：20：8考虑。其中矿物质料包括食盐、石粉、小苏打、磷酸氢钠、微量元素预混料等可按等同比例考虑。肉牛场饲料供应计划见表4-17。

④ 疫病防治计划。肉牛场疫病防治计划是指一个年度内对牛群疫病防治所做的预先安排。疫病防治是保证牛场生产效益的重要条件，也是实现生产计划的基本保证。肉牛场实行"预防为主，防治结合"的方针，建立一套综合性的防疫措施和制度。其内容包括牛群的定期检查、牛舍消毒、各种疫苗的定期注射、病牛的资料与隔离等。要严格执行各项防疫制度，并定期检查。

表 4-17　肉牛场饲料供应计划　　（单位：千克）

类别	数量/头	粗饲料				蛋白质补充料					矿物质饲料					
		秸秆	干草	青贮饲料	能量饲料	油粕类	副产品	其他	辅料	其他饲料	食盐	石粉	小苏打	碳酸氢钠	微量元素预混料	其他

⑤ 资金使用计划。资金使用计划是经营管理计划中非常关键的一项工作，做好该计划并使其顺利实施是保证企业健康发展的关键。资金使用计划的制订应依据有关生产计划，本着节省开支并最大限度提高资金使用效率的原则，精打细算、合理安排、科学使用。既不能让资金长时间闲置，还要保证生产所需资金及时、足额到位。在制订资金使用计划时，对牛场自有资金要统筹考虑，尽量盘活资金，不要造成自有资金沉淀。对牛场发展所需贷款，经可行性研究，认为有效益、项目可行，就可以贷款，要科学合理地运用银行贷款，加快规模牛场的发展。

（4）记录管理　记录管理就是将肉牛场生产经营活动中的人、财、物等消耗情况及有关事情记录在案，并进行规范、计算和分析。目前许多牛场缺乏系统的、原始的记录资料，导致管理者和饲养者对生产经营情况（如各种消耗是多是少、产品成本是高是低、单位产品利润和年总利润是多少等）不清楚，更谈不上采取有效措施来降低成本、提高效益。

1）记录管理的作用。肉牛场的记录管理具有重要作用，它可以反映牛场生产经营活动的状况，是牛场进行经济核算的基础，也是提高牛场管理水平和效益的保证。

2）肉牛场记录的原则。

① 及时准确。及时就是根据不同的记录要求，在第一时间认真填

写，不拖延、不积压，避免出现遗忘；准确就是按照牛场当时的实际情况进行记录，既不夸大，也不缩小。特别是一些数据要真实。如果记录的数据不精确，这样的记录也是毫无价值的。

② 简洁完整。各种记录册和表格要力求简明扼要、通俗易懂、便于记录；记录要全面、系统，最好设计成不同的记录册和表格，并且填写完全、工整，易于辨认。

③ 便于分析。记录的目的是分析肉牛场的生产经营活动情况，因此，在设计表格时，要确保记录下来的资料便于整理、归类和统计。为了与其他肉牛场进行横向比较、与本场进行纵向比较，还应注意记录内容的可比性和稳定性。

3）肉牛场记录的内容。

记录的内容因肉牛场的经营方式和所需的资料而有所不同，一般应包括以下内容。

① 生产记录。生产记录包括肉牛群生产情况记录（肉牛的品种、饲养数量、饲养日期、死亡和淘汰数量、产品产量）、饲料记录（以每栋、每栏或每群为单位，将每天所消耗的饲料按其种类、数量及单价等记录下来）、劳动记录（每天出勤情况，工作时数、工作类别及完成的工作量、劳动报酬等）。

② 财务记录。财务记录包括收支记录（出售产品的时间、数量、价格、去向及各项支出情况）和资产记录（固定资产类包括土地、建筑物、机器设备等的占用和消耗；库存物资类包括饲料、兽药、在产品、产成品、易耗品、办公用品等的消耗数、库存数量及价值；现金及信用类包括现金、存款、债券、股票、应付款和应收款等）。

③ 饲养管理记录。饲养管理记录包括饲养管理程序及操作记录（饲喂程序、光照程序、牛群的周转、环境控制等记录）和疾病防治记录（隔离消毒情况、免疫情况、发病情况、诊断及治疗情况、用药情况和驱虫情况等记录）。

④ 肉牛档案。肉牛档案包括成年母牛档案（系谱、配种和产犊情况）、犊牛档案（系谱、出生时间、体尺和体重情况）、育成牛档案（系

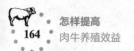

谱、各月龄体尺和体重情况、发情配种情况）和育肥牛档案（品种、体重和饲料用量等）。

4）肉牛场生产记录表格（表4-18~表4-23）。

表4-18 生产记录表（按天或变动记录）　　　　填表人：

日期	栋、栏号	变动情况/头					备注
		存栏数	出生数	调入数	调出数	死亡、淘汰数	

表4-19 饲料添加剂、预混料、饲料的购、领记录表　　　　填表人：

购入日期	名称	规格	生产厂家	批准文号或登记证号	生产批号或生产日期	来源（生产厂家或经销点）	购入数量	发出数量	结存数量

表4-20 消毒记录表　　　　填表人：

消毒日期	消毒药名称	生产厂家	消毒场所	配制浓度	消毒方式	操作者

表4-21 诊疗记录表　　　　填表人：

发病日期	发病肉牛栋、栏号	发病群体数	发病数	发病肉牛日龄	病名或病因	处理方法	用药名称	用药方法	诊疗结果	兽医签字

表4-22 出场销售和检疫情况记录表　　　　填表人：

出场日期	品种	栋、栏号	数量/头	出售肉牛日龄	销往地点及货主	检疫情况			曾使用的有停药期要求的药物		经办人
						合格头数	检疫证号	检疫员	药物名称	停药时肉牛日龄	

表 4-23　收支记录表

收入		支出		备注
项目	金额/元	项目	金额/元	
合计				

5）牛场记录的分析。对牛场的记录进行整理、归类后，可以进行分析。分析是通过计算一系列分析指标来实现的。利用成活率、增重率、饲料转化率等技术效果指标，分析生产资源的投入和产出产品数量的关系，分析各种技术的有效性和先进性。利用经济效果指标，分析生产单位的经营效果和赢利情况，为牛场的生产提供依据。

2. 加强经济核算

(1) 资产核算

1）流动资产。流动资产是指可以在一年内或者超过一年的一个营业周期内变现或者运用的资产。牛场的流动资产主要包括牛场的现金、存款、应收款及预付款、存货（原材料、在产品、产成品、低值易耗品）等。流动资产周转状况会影响产品的成本。流动资产核算的目的是加快流动资产周转，具体措施如下：一是有计划地采购。加强采购物资的计划性，防止盲目采购；合理地储备物资，避免积压资金；加强物资的保管，定期对库存物资进行清查，防止鼠害和霉烂变质。二是缩短生产周期。科学地组织生产过程，采用先进技术，尽可能缩短生产周期，节约使用各种材料和物资，减少在产品资金占用量。三是及时销售产品。产品及时销售可以缩短产成品的滞留时间，减少流动资金占用量。四是加快资金回收。及时清理债权债务，加速应收款项的回收，减少成品资金和结算资金的占用量。

2）固定资产。固定资产是指使用年限在一年以上、单位价值在规定的标准以上，并且在使用中长期保持其实物形态的各项资产。牛场的固定资产主要包括建筑物、道路、基础牛及其他与生产经营有关的设备、器具、工具等。固定资产核算的目的就是提高固定资产利用效果，最大

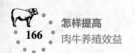

限度地减少折旧费用。

① 固定资产的折旧。固定资产经过长期使用，物质会受到磨损，价值也会发生耗损。固定资产的损耗分为有形损耗和无形损耗两种。有形损耗是指固定资产由于使用或者由于自然力的作用，使固定资产物质上发生磨损。无形损耗是指由于劳动生产率提高和科学技术进步而引起的固定资产价值的损失。固定资产在使用过程中，由于损耗而发生的价值转移称为折旧。由于固定资产损耗而转移到产品中去的那部分价值叫折旧费或折旧额，用于固定资产的更新改造。

牛场计算固定资产折旧，一般采用平均年限法和工作量法。

平均年限法是根据固定资产的使用年限，平均计算各个时期的折旧额，因此也称直线法。其计算公式为：

固定资产年折旧额＝［原值－（预计残值－清理费用）］/固定资产预计使用年限。

固定资产年折旧率（％）＝固定资产年折旧额/固定资产原值×100＝（1－净残值率）/折旧年限×100

工作量法是按照使用某项固定资产所提供的工作量，计算出单位工作量平均应计提折旧额后，再按各期使用固定资产所实际完成的工作量，计算应计提的折旧额。这种折旧计算方法适用于一些机械等专用设备。其计算公式为：

单位工作量（单位里程或每工作小时）折旧额＝（固定资产原值－预计净残值）/总工作量（总行驶里程或总工作小时）

② 提高固定资产利用效果的途径。一是适时、适量购置和建设固定资产。根据轻重缓急，合理购置和建设固定资产，把资金用在经济效果最大且属于生产上迫切需要的项目中；购置和建设固定资产要量力而行，做到与单位的生产规模和财力相适应。二是注重固定资产的配套。注意加强设备的通用性和适用性，并注意各类固定资产务求配套完备，使固定资产能充分发挥效用。三是加强固定资产的管理。建立严格的使用、保养和管理制度，对不需要的固定资产应及时采取措施，以免浪费，注意提高设备的时间利用强度和它的生产能力的利用程度。

（2）**成本核算**　企业为生产一定数量和种类的产品而发生的直接材料费（直接用于产品生产的原材料、燃料动力费等）、直接人工费用（直接参加产品生产的工人工资及福利费）和间接制造费用的总和即为产品成本。

牛场的品种是否优良、饲料质量的好坏、饲养技术水平的高低、固定资产利用的好坏及人工耗费的多少等，都可以通过产品成本反映出来。所以，牛场通过成本和费用核算，可发现成本升降的原因，进而降低成本费用，提高产品的竞争能力和盈利能力。

1）做好成本核算的基础工作。

① 建立健全各项原始记录。原始记录是计算产品成本的依据。如原始记录不实，就不能正确反映生产资料的耗费情况和生产成果，成本核算就失去了意义。所以，饲料、燃料动力的消耗，原材料、低值易耗品的领退，生产工时的耗用，牛的变动、周转、死亡淘汰及产出产品等的原始记录都必须如实地登记。

② 建立健全各项定额管理制度。牛场要制定各项生产要素的耗费标准（定额）。不管是饲料、燃料动力，还是费用工时、资金占用等，都应制定比较先进、切实可行的定额。

③ 加强财产物资的计量、验收、保管、收发和盘点制度。财产物资的实物核算是其价值核算的基础。做好各种物资的计量、收集和保管工作，是正确计算产品成本的前提条件。

2）肉牛场成本的构成项目。

① 饲料费。指饲养过程中耗用的自产和外购的混合饲料和各种饲料原料。凡是购入的按买价加运费计算，自产饲料一般按生产成本（含种植成本和加工成本）进行计算。

② 劳务费。从事养牛的生产管理劳动（包括饲养、清粪、繁殖、防疫、转群、消毒、购物运输等）所支付的工资、资金、补贴和福利等。

③ 医疗费。指用于牛群的生物制剂、消毒剂的采购费用，以及检疫费、化验费、专家咨询服务费等。但已包含在配合饲料中的药物及添加剂费用不必重复计算。

④ 公牛和母牛折旧费。种公牛从开始配种算起，种母牛从产犊开始算起。

⑤ 固定资产折旧维修费。指牛舍、设备等固定资产的基本折旧费及修理费。根据牛舍结构、设备质量和使用年限来计损。如果只是租用土地，应加上租金；如果土地、牛舍等都是租用的，只计租金，不计折旧。

⑥ 燃料动力费。指饲料加工，牛舍的保暖、排风、供水、供气等耗用的燃料和电力费用。这些费用按实际支出的数额计算。

⑦ 利息。指一年中对固定资产投资及流动资金支付的利息总额。

⑧ 杂费。包括低值易耗品费用、保险费、通信费、交通费及搬运费等。

⑨ 税金。指一年内用于肉牛生产的土地、建筑设备及生产销售等应交税金。

⑩ 共同的生产费用。指分摊到牛群的间接生产费用。

以上费用构成了肉牛场的生产成本。从构成成本的项目占比来看，饲料费、公牛和母牛折旧费、人工费、固定资产折旧费等数额较大，是成本构成的主要部分，应当重点控制。

3）成本的计算方法。牛的活重是牛场的生产成果，牛群的主、副产品或活重是反映产品率和饲养费用的综合经济指标，如在肉牛生产中可计算日饲养成本、增重成本、活重成本和产肉成本等。

① 日饲养成本。指一头肉牛饲养 1 天的费用，反映饲养水平的高低。计算公式：

日饲养成本=本期饲养费用/本期饲养头日数

② 增重单位成本。指犊牛或育肥牛增重体重的平均单位成本。计算公式为：

增重单位成本=（本期饲养费用-副产品价值）/本期增重量

③ 活重单位成本。指牛群全部活重单位成本。计算公式为：

活重单位成本=（期初全群成本+本期饲养费用-副产品价值）/（期终全群活重+本期售出转群活重）

④ 生长量成本。计算公式为：

$$生长量成本＝生长量日饲养成本×本期饲养日$$

⑤ 牛肉单位成本。计算公式为：

牛肉单位成本＝（出栏牛饲养费用−副产品价值）/出栏牛牛肉总量

四、提高产品价值

1. 生产高档牛肉

（1）高档牛肉标准

1）年龄与体重要求。牛的年龄在 30 月龄以内；屠宰活重为 500 千克以上；达满膘，体形呈长方形，腹部下垂，背平宽，皮较厚，皮下有较厚的脂肪。

2）胴体及肉质要求。胴体表面脂肪的覆盖率达 80% 以上，背部脂肪厚度为 8～10 毫米，第 12、13 肋骨脂肪厚为 10～13 毫米，脂肪洁白、坚挺；胴体无缺损；肉质柔嫩多汁，剪切值在 3.62 千克以下的出现次数应在 65% 以上；大理石纹明显；每条牛柳在 2 千克以上，每条西冷在 5 千克以上；符合西餐要求，用户满意。

（2）高档牛肉生产模式 生产高档牛肉，应实行产加销一体化经营方式，在具体工作中应重点把握以下几个环节：

1）建立架子牛生产基地。生产高档牛肉，必须建立肉牛基地，以保证架子牛牛源供应。基地建设应注意以下几个环节：

① 品种。高档牛肉对肉牛品种要求并不十分严格。据实验测定，我国现有的地方良种或它们与引进的国外肉用、兼用品种牛的杂交牛，经过良好的饲养，均可达到进口高档牛肉水平，都可以作为高档牛肉的牛源。但从复州牛、科尔沁牛屠宰成绩上看，未去势牛屠宰成绩低于阉牛，为此，育肥前应对牛去势。

② 饲养管理。根据我国的生产力水平，现阶段架子牛的饲养应以专业乡、专业村、专业户为主，采用半舍饲半放牧的饲养方式。夏季白天放牧、晚间舍饲，补饲少量精饲料；冬季全天舍饲，寒冷地区扣上塑膜暖棚。在舍饲阶段，饲料以秸秆、牧草为主，适当添加酒糟和少量的玉

米粗粉、豆饼。

2）建立育肥牛场。生产高档牛肉，应建立育肥牛场，当架子牛饲养到 12~20 月龄、体重达 300 千克左右时，集中到育肥场育肥。育肥前期，用粗饲料日粮过渡饲养 1~2 周。然后用全价配合日粮并应用增重剂和添加剂，实行短缰拴系饲养，让牛自由采食、自由饮水。经 150 天饲养后，每头牛在原有配合日粮中增喂大麦 1~2 千克，经过高能量强度育肥 120 天，即可出栏、屠宰。

3）建立现代化肉牛屠宰场。高档牛肉生产有别于一般牛肉生产，屠宰设备、胴体处理设备、胴体分割设备、冷藏设备、运输设备均需达到较高的现代化水平。根据各地的生产实践，肉牛屠宰时要注意以下几点：

① 屠宰年龄。肉牛的屠宰年龄必须在 30 月龄以内，30 月龄以上的肉牛一般不能生产出高档牛肉。

② 屠宰体重。屠宰体重需在 500 千克以上。因牛肉块重与体重呈正相关，体重越大，肉块的绝对重量也越大。其中，牛柳重量占屠宰活重的 0.84% ~ 0.97%，西冷重量占 1.92% ~ 2.12%，去骨眼肉重量占 5.3% ~ 5.4%，这三块肉的产值可达一头牛总产值的 50% 左右；臀肉、大米龙、小米龙、膝圆和腰肉的重量占屠宰活重的 8.0% ~ 10.9%，这五块肉的产值占一头牛总产值的 15% ~ 17%。

③ 屠宰胴体要进行成熟处理。普通牛肉生产实行热胴体剔骨，而高档牛肉生产则要求胴体在 0~4℃条件下吊挂 7~9 天后才能剔骨。这一过程称胴体排酸，可提高牛肉的嫩度。

④ 胴体分割要按照用户要求进行。一般情况下，牛肉分为高档牛肉、优质牛肉和普通牛肉三部分。高档牛肉包括牛柳、西冷和眼肉；优质牛肉包括臀肉、大米龙、小米龙、膝圆、腰肉和腱子肉等；普通牛肉包括前躯肉、脖领肉和牛腩等。

2. 提高粪便利用价值

在肉牛的生产过程中，不仅生产肉产品，而且生产废弃物，如牛粪。通过合理利用牛粪，变废为宝，提高养牛的经济价值。利用牛粪栽培双孢蘑菇是提高牛粪利用价值的较好方法。

第五章
做好疾病防治，向健康要效益

【提示】
　　只有保证肉牛健康，才能充分发挥肉牛的生产性能，获得较好的经济效益。疾病防控必须树立"防重于治""养防并重"的观念，采取综合措施，控制疾病发生。

第一节　疾病防治中的误区

一、忽视兽医卫生防疫制度的建立或防疫措施不健全

　　有的养殖场（小区）无防疫消毒制度，即使有，也不能很好地执行。不定期消毒，或一种消毒液长期反复使用，导致微生物产生耐药性和抗药性。无专用工作服，或即使有工作服，但是在场内、场外都穿，不定期进行清洗、消毒。大门口、圈舍门口无消毒池，或消毒池不够长、不够深，不放消毒液或不定期更换消毒液。人员互串，饲喂工具不专用，甚至用清粪工具添加草料。

二、消毒卫生方面的误区

1. 忽视休整期间的清洁

　　疾病特别是疫病不断发生，可能有许多原因，其中有一个原因是不容忽视的，就是在牛淘汰后，对牛场或牛舍的清理不够彻底，且清理后的间隔期不够长。目前在牛场清理过程中，很多牛场只重视舍内清理工作，往往忽视舍外的清理。

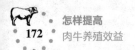

2. 消毒存在的误区

消毒前不清理污物，消毒效果差；消毒不严格，留有死角；消毒液选择和使用不科学，忽视日常消毒工作。

三、忽视疫病发生时的处理

当疫病特别是一些急性、恶性传染病发生时，许多养牛场（户）对疫病不够重视，不能采取有效的处理措施，导致疫病迅速传播，造成严重危害。

四、免疫接种存在的误区

1. 忽视疫苗储存或认为在冷藏设备内长期存放不影响使用效果

影响疫苗质量的因素主要有产品的质量、运输、储存、使用等。但在生产中存在忽视疫苗储存或认为在冷藏设备内长期存放不影响使用效果的误区，严重影响到牛的免疫效果。

2. 过分依赖免疫接种，认为只要进行过免疫接种就可以"高枕无忧"

疫苗的免疫接种可以提高牛体的特异性抵抗力，是防止疫病发生的重要措施之一。但在生产中，有的牛场过分依赖免疫接种，把免疫接种看作防止疫病发生的唯一方法，而忽视其他的疫病控制方法。甚至认为进行过免疫接种，就可以"高枕无忧"。殊不知免疫接种也有一定的局限性，影响免疫接种效果的因素有很多，任何一个方面出现问题，都会影响免疫效果。

3. 免疫接种时消毒和使用抗菌药物的失误

接种疫苗时，传统做法是防疫前后各 3 天不准消毒，接种后不使用抗生素，结果是该消毒时不消毒，有病不能治，小病变成了大病。有些养殖户使用病毒性疫苗对牛进行免疫注射时，通常在稀释疫苗的同时加入抗菌药物，认为抗菌药物对病毒没有伤害，还能起到抗菌、抗感染的作用。实际上，抗菌药物的加入，使稀释液的酸碱度发生变化，引起疫苗病毒失活、效力下降，从而导致免疫失败。

4. 联合应用疫苗的误区

当多种疫苗进入牛体后，其中的一种或几种抗原所产生的免疫成分可被另一种抗原性最强的成分产生的免疫反应所遮盖。疫苗病毒进入牛体后，在复制过程中会产生相互干扰作用。在生产中，有的养牛者为了减少程序，将几种疫苗混合使用或同时使用，甚至不按照间隔时间使用等，影响了免疫的效果。

五、忽视疫病防治的程序化

疫病的发生和发展有一定的规律，疫病防治程序化可以起到事半功倍的效果，能够减少疫病的发生。但在生产中，许多牛场忽视疫病防治的程序化，导致疫病不断。

第二节 加强牛场疾病综合防控

一、做好牛场的隔离卫生

（1）**注意场址选择和规划** 科学选择场址并合理进行规划布局，为牛场做好隔离卫生打好基础。

（2）**加强隔离**

1）引种隔离。牛场应尽量做到自繁自养。从外地引进场内的种牛，要严格进行检疫。隔离饲养和观察 2～3 周，确认无病后，方可并入生产群。

2）牛场隔离。

①设置隔离消毒设施。生产区最好有围墙和防疫沟，并且在围墙外种植荆棘类植物，形成防疫林带，只留人员入口、饲料入口和牛的进出口，减少与外界的直接联系。牛场大门设立车辆消毒池和人员消毒室，生产区的每栋牛舍门口必须设立消毒脚盆。严禁闲人进场，如有外人来访，必须在值班室登记，把好防疫第一关。

②采用"全进全出"的饲养制度。"全进全出"的饲养制度是有效防止疾病传播的措施之一。"全进全出"使得牛场能够做到净场和充分消毒，切断了疾病传播的途径，从而避免患病牛或病原携带者将病原传染给幼龄牛群。

③ 加强消毒。外来车辆必须在场外经严格冲洗消毒后才能进入生活管理区。所有人员必须在更衣室沐浴、更衣、换鞋，经严格消毒后方可进入生产区。生产区的生产人员经过脚盆再次对工作鞋消毒后进入牛舍。饲料应由本场生产区外的饲料车运到饲料周转仓库，再由生产区内的车辆转运到每栋牛舍，严禁将饲料直接运入生产区内。生产区内的任何物品、工具（包括车辆），除特殊情况外，不得离开生产区。任何进入生产区的物品都必须经过严格的消毒，特别是饲料袋，应经过熏蒸消毒后才能装料，再进入生产区。场内生活区严禁饲养畜禽，尽量避免猪、狗、鸟等进入生产区。生产区内的肉食品要由场内供给，严禁从场外带入偶蹄动物的肉类及其制品。

④ 全场工作人员禁止同时从事其他畜牧场的饲养、技术和屠宰贩卖工作。保证生产区与外界环境有良好的隔离状态，全面预防外界病原侵入牛场内。休假返场的生产人员必须在生活管理区隔离两天后方可进入生产区工作，肉牛场的后勤人员应尽量避免进入生产区。

（3）保持卫生

1）保持牛舍及周围环境的卫生。及时清理牛舍的污物、污水和垃圾，定期打扫牛舍、设备、用具的灰尘，每天进行适量通风，保持牛舍清洁；不在牛舍周围和道路上堆放废弃物和垃圾。

2）保持饲料、饲草和饮用水卫生。饲料、饲草不霉变，不被病原污染；饲喂用具要经常清洁、消毒；饮用水符合卫生标准，水质良好；饮水用具要清洁，饮水系统要定期消毒。

3）废弃物要进行无害化处理。粪便堆放要远离牛舍，最好设置专门的储粪场，对粪便进行无害化处理，如堆积发酵、生产沼气等。不要随意出售或乱扔乱放病死的牛，防止传播疾病。

4）防害灭鼠。昆虫可以传播疫病，要保持牛舍内干燥和清洁，夏季使用化学杀虫剂，防止昆虫繁殖。老鼠不仅可以传播疫病，而且可以污染和消耗大量的饲料，危害极大，必须注意灭鼠。每2~3个月进行一次彻底的灭鼠。

二、科学饲养管理

(1) 合理饲养 按时饲喂优质的饲草和精饲料，确保采食足量，合理补饲，供给洁净、充足的饮用水。不饲喂霉败饲料，不让牛饮用污浊或受污染的水，剔除青干野草中的有毒植物。注意饲料的正确调制处理、妥善储藏及适当的搭配比例，防止牛因误食饲料上残留的农药或灭鼠药而中毒。

(2) 严格管理 除了做好隔离卫生和其他饲养管理外，注意提供适宜的温度、湿度、通风、光照等环境条件，避免过冷、过热、通风不良、有害气体浓度高及噪声大等情况。

三、加强消毒工作

消毒是采用一定方法将养殖场、交通工具和各种被污染物体中病原微生物的数量减少到最低或无害的程度。通过消毒，能够消灭环境中的病原体，切断传播途径，防止传染病的传播与蔓延。消毒是传染病预防措施中的一项重要内容。

(1) 消毒的方法

1）物理消毒法。包括机械性清扫、冲洗、加热、干燥、阳光和紫外线照射等方法。如对牛经常出入的地方、产房、培育舍，每年用喷灯进行 1~2 次火焰瞬间喷射消毒；人员入口处设消毒用的紫外线灯。

2）化学消毒法。利用化学消毒剂对病原微生物污染的场地、物品等进行消毒。如通过在牛舍周围、入口、产房和牛床下撒生石灰或火碱（氢氧化钠）溶液进行消毒；将饲养器具放在密闭的室内或容器内，用甲醛等进行熏蒸；用规定浓度的新洁尔灭、有机碘混合物或煤酚的水溶液洗手，清洗工作服或胶鞋。

3）生物热消毒法。指通过堆积发酵产生的热量来消灭一般病原体的消毒方法。

(2) 消毒的程序 根据消毒的类型、对象、环境温度、病原体性质及传染病流行特点等因素，将多种消毒方法科学合理地组合而进行的消毒过程称为消毒程序。

1）人员消毒。所有工作人员进入场区大门必须进行鞋底消毒，并经自动喷雾器进行喷雾消毒。进入生产区的人员必须淋浴、更衣、换鞋、洗手，并经紫外线照射 15 分钟。对工作服、鞋、帽等进行定期消毒（可放在 1%~2% 的碱水内煮沸消毒，也可按每立方米空间使用 42 毫升福尔马林熏蒸消毒 20 分钟）。严禁外来人员进入生产区。人员进入牛舍前要先踏消毒池（消毒池的消毒液每 2 天更换一次），再洗手后方可进入。工作人员在接触牛群、饲料之前必须洗手，并用消毒液浸泡消毒 3~5 分钟。病牛隔离人员和剖检人员在操作前后都要进行严格的消毒。

2）车辆消毒。进入场门的车辆除要经过消毒池外，还必须对车身、车底盘进行高压喷雾消毒，消毒液可用 2% 的过氧乙酸或 1% 的灭毒威。严禁车辆（包括员工的摩托车、自行车）进入生产区。对于进入生产区的饲料车，每周彻底消毒一次。

3）环境消毒。

① 垃圾处理消毒。生产区的垃圾实行分类堆放，并定期收集。每逢周六进行环境清理、消毒和焚烧垃圾。可用 3% 的氢氧化钠溶液喷湿，在阴暗潮湿处撒生石灰。

② 生活区、办公区消毒。对于生活区、办公区院落或门前屋后的消毒，4~10 月，每 7~10 天消毒一次；11 月至次年 3 月，每半月消毒一次。可用 2%~3% 的火碱（氢氧化钠）或甲醛溶液喷洒消毒。

③ 生产区的消毒。每 2~3 周对生产区道路、每栋牛舍前后消毒一次，每月对场内污水池、堆粪坑、下水道出口消毒一次。用 2%~3% 的火碱（氢氧化钠）或甲醛溶液喷洒消毒。

④ 地面土壤消毒。土壤表面可用 10% 的漂白粉溶液、4% 的福尔马林或 10% 的氢氧化钠溶液消毒。停放过芽孢杆菌所致传染病（如炭疽）病牛尸体的场所，应严格加以消毒。首先用上述漂白粉澄清液喷洒地面，然后将表层土壤掘起 30 厘米左右，撒上干漂白粉，并与土混合，将此表土妥善运出掩埋。对于其他传染病所污染的地面土壤，可先将地面翻一下，深度约 30 厘米，在翻地的同时撒上干漂白粉（用量为每平方米使用

0.5 千克），以水湿润后压平。如果放牧地区被某种病原体污染，一般利用自然因素（如阳光）来消除病原体；如果污染的面积不大，则应使用化学消毒剂消毒。

4）牛舍消毒。

① 空舍消毒。将牛出售或转出后，对牛舍进行彻底的清洁消毒，消毒步骤如下：

清扫：首先对空舍的粪尿、污水、残料、垃圾和墙面、顶棚、水管等处的尘埃进行彻底清扫，并整理、归纳舍内的饲槽、用具。当发生疫情时，必须先消毒后清扫。

浸润：对地面、牛栏、出粪口、食槽、粪尿沟、风扇匣及护仔箱进行低压喷洒，并确保充分浸润，浸润时间不低于 30 分钟，但时间不能过长，以免干燥、浪费水且不好洗刷。

冲刷：使用高压冲洗机，由上至下彻底冲洗屋顶、墙壁、栏架、网床、地面及粪尿沟等。要用刷子刷洗藏污纳垢的缝隙，尤其是食槽、水槽等，冲刷时不要留死角。

消毒：晾干后，选用广谱高效消毒剂，对牛舍内所有表面、设备和用具消毒，必要时可选用 2%~3% 的火碱（氢氧化钠）溶液进行喷雾消毒。30~60 分钟后，进行低压冲洗。待晾干后，用另外的消毒药（0.3% 好利安）喷雾消毒。

复原：恢复原来栏舍内的布置，并检查、维修，做好进牛前的准备，并进行第二次消毒。

再消毒：进牛前 1 天再喷雾消毒，然后熏蒸消毒。对封闭牛舍冲刷干净、晾干后，用福尔马林、高锰酸钾熏蒸消毒。

【小知识】

熏蒸消毒的方法：熏蒸前封闭所有缝隙、孔洞，计算房间容积，称量好药品。将福尔马林、高锰酸钾和水按照 2∶1∶1 的比例配制，福尔马林用量一般为 28~42 毫升/米^3。容器应大于福尔马林加水后容积的 3~4 倍。放药时，一定要把福尔马林倒入盛高锰酸钾

的容器内，室温最好不低于 24℃，相对湿度为 70%~80%。先从牛舍一头逐点倒入，倒入后迅速离开，把门窗封严，24 小时后打开门窗，进行通风。

② 产房和隔离舍的消毒。在产犊前应进行 1 次消毒，产犊高峰时进行多次消毒，产犊结束后再进行 1 次消毒。在病牛舍、隔离舍的出入口处，应放置浸有消毒液的麻袋片或草垫，消毒液可用 2%~4% 的氢氧化钠（针对病毒性疾病）。

③ 带牛消毒。正常情况下选用过氧乙酸或喷雾灵等消毒剂，含量为 0.5% 以下时对人畜无害。夏季每周消毒 2 次，春秋季每周消毒 1 次，冬季每 2 周消毒 1 次。如果发生传染病，每天或隔日带牛消毒 1 次。带牛消毒前必须彻底清扫，消毒时不仅限于牛的体表，还包括整个牛舍的所有空间。应将喷雾器的喷头高举空中，喷嘴向上，让雾料从空中缓慢地下降，雾粒直径控制在 80~120 微米。

【注意】

      带牛消毒不宜选用刺激性大的药物。

5）废弃物消毒。

① 粪便消毒。主要采用生物热消毒法对牛的粪便进行消毒，即在距牛场 100~200 米以外的地方设一堆粪场，将牛粪堆积起来，上面覆盖 10 厘米厚的沙土，发酵 30 天左右，即可用作肥料。

② 污水消毒。最常用的方法是将污水引入污水处理池，加入化学药品（如漂白粉或其他氯制剂）进行消毒，用量视污水量而定，一般 1 升污水使用 2~5 克漂白粉。

四、科学免疫接种

免疫接种是给动物接种各种免疫制剂（疫苗、类毒素及免疫血清），使动物个体和群体产生对传染病的特异性免疫力。免疫接种是预防和治疗传染病的主要手段，也是使易感动物群转化为非易感动物群的唯一手段。

（1）牛常用的疫苗　牛常用的疫苗见表 5-1。

表 5-1　牛常用的疫苗

疫苗名称	用途	方法及用量	保存条件和保存期
口蹄疫弱毒疫苗	预防牛口蹄疫。免疫期为4~6个月	皮下或肌内注射。1~2岁的牛用量为1毫升，2岁以上的牛用量为2毫升。生效期为14天	2~5℃，5个月；-12~18℃，8个月
牛出血性败血病氢氧化铝菌苗	预防牛出血性败血病。免疫期为9个月	皮下注射。体重100千克以下的牛用量为4毫升，100千克以上的牛用量为6毫升。生效期为21天	28℃，3个月；2~5℃，6个月
牛肺疫弱毒疫苗	预防牛肺疫。免疫期为1年	氢氧化铝苗肌内注射：大牛用量为2毫升，6~12月龄的牛用量为1毫升。盐水苗皮下注射：大牛用量为1毫升，6~12月龄的牛用量为0.5毫升。生效期为21~28天	2~15℃，6个月
气肿疽灭活苗	预防气肿疽。免疫期约半年	牛可在颈部或肩胛部后缘皮下注射5毫升。生效期为14天左右	2~15℃，8个月
破伤风明矾沉淀类毒素	防治破伤风。免疫期为1年	成年牛皮下注射1毫升，犊牛皮下注射0.5毫升，注射于颈部中央1/3处。注射后1个月产生免疫力。一般发病后及时注射破伤风疫苗，早治为好	保存视瓶签说明进行处理
牛瘟兔化弱毒疫苗	防治牛瘟	血液苗或淋脾组织苗（1∶100）无论大小牛一律肌内注射2毫升，冻干苗按瓶签规定方法稀释使用	按制造及检验规程就地制造疫苗使用
无毒炭疽芽孢菌苗	预防炭疽。免疫期为1年	经稀释后，在颈部或肩胛部后缘皮下注射，1岁以上牛用量为1毫升，1岁以下牛用量为0.5毫升。生效期为14天	2~15℃，2年

（续）

疫苗名称	用途	方法及用量	保存条件和保存期
Ⅱ号炭疽芽孢苗	预防炭疽。免疫期为1年	注射于皮下或皮内，皮内注射用量为0.2毫升，皮下注射用量为1毫升。生效期为14天	2~15℃，2年
牛流行热油佐剂灭活疫苗	预防牛流行热。免疫期为半年	颈部皮下注射，每头牛每次用量为4毫升，犊牛每次用量为2毫升。两次免疫接种间隔为3周。生效期为21天	

（2）**免疫接种程序** 免疫接种程序是指根据一定地区、养殖场或特定动物群体内传染病的流行状况、动物健康状况和不同疫苗特性，为特定动物群体制订的免疫接种计划，包括接种疫苗的类型、顺序、时间、方法、次数及时间间隔等规程和次序。科学合理的免疫接种程序是获得有效免疫保护的重要保障。免疫接种程序的好坏可根据肉牛的生产力水平和疫病发生情况来评价，最好以抗体检测为重要的参考依据。牛的参考免疫接种程序见表5-2。

表5-2　牛免疫接种程序

阶段	疫苗（菌苗）	接种方法	备注
1月龄	Ⅱ号炭疽芽孢苗（或无毒炭疽芽孢苗）	皮下注射1毫升（或皮下注射0.5毫升）	免疫期为1年
	破伤风明矾沉淀类毒素	皮下注射5毫升	免疫期为6个月
	气肿疽甲醛明矾菌苗	皮下注射5毫升	免疫期为6个月
6月龄	狂犬病弱毒苗	皮下注射25~50毫升	免疫期为1年
	布氏杆菌19号苗	皮下注射5毫升	免疫期为1年
	气肿疽牛出败二联苗	皮下注射1毫升，用20%的氢氧化铝盐水溶解	免疫期为1年

（续）

阶段	疫苗（菌苗）	接种方法	备注
12 月龄	Ⅱ号炭疽芽孢苗（或无毒炭疽芽孢苗）	皮下注射 1 毫升（或皮下注射 0.5 毫升）	免疫期为 1 年
	破伤风明矾沉淀类毒素	皮下注射 1 毫升	免疫期为 1 年
	狂犬病疫苗	皮下注射 25~50 毫升	免疫期为 6 个月
	口蹄疫弱毒苗	皮下注射 5 毫升	免疫期为 6 个月
18 月龄	狂犬病疫苗	皮下注射 25~50 毫升	免疫期为 6 个月
	布氏杆菌 19 号苗	皮下注射 5 毫升	免疫期为 1 年
	牛痘苗	皮内注射 0.2~0.3 毫升	免疫期为 1 年
	气肿疽牛出败二联苗	皮下注射 1 毫升，用 20% 的氢氧化铝盐水溶解	免疫期为 1 年
	口蹄疫弱毒苗	皮下或肌内注射 2 毫升	免疫期为 6 个月
	魏氏梭菌灭活苗	皮下注射 5 毫升	免疫期为 6 个月
20 月龄	Ⅱ号炭疽芽孢苗（或无毒炭疽芽孢苗）	皮下注射 1 毫升	免疫期为 1 年
	破伤风类毒素	皮下注射 1 毫升	免疫期为 1 年
	狂犬病疫苗	皮下注射 25~50 毫升	免疫期为 6 个月
	口蹄疫弱毒苗	皮下或肌内注射 2 毫升	免疫期为 6 个月
	魏氏梭菌灭活苗	皮下注射 5 毫升	免疫期为 6 个月
成年	气肿疽甲醛明矾菌苗	皮下注射 5 毫升	每年春季接种一次
	炭疽菌苗	皮下注射 1 毫升	每年春季接种一次
	破伤风类毒素	皮下注射 1 毫升	每年定期接种一次
	口蹄疫弱毒苗	肌内注射 2 毫升	每年春季、秋季各接种一次
	狂犬病疫苗	皮下注射 25~50 毫升	每年春季、秋季各接种一次
	魏氏梭菌灭活苗	皮下注射 5 毫升	免疫期为 6 个月

（续）

阶段	疫苗（菌苗）	接种方法	备注
妊娠期	犊牛副伤寒菌苗	见疫苗生产标签	分娩前4周
	犊牛大肠杆菌菌苗	见疫苗生产标签	分娩前2~4周
	魏氏梭菌灭活苗	皮下注射5毫升	分娩前4~6周

【提示】

制定肉牛免疫程序时，应充分考虑当地疫病流行情况，动物种类、年龄、母源抗体水平和饲养管理水平，以及使用疫苗的种类、性质、免疫途径等因素。

五、正确进行药物保健

肉牛的用药方案见表5-3。

表5-3 肉牛的用药方案

阶段		用药方案
后备肉牛	引入第1周及配种前1周	饲料中适当添加一些抗应激药物，如维力康、维生素C、多维、电解质添加剂等；适当添加一些抗生素药物，如呼诺玢、呼肠舒、泰灭净、强力霉素（多西环素）、利高霉素、支原净、泰舒平（泰乐菌素）和土霉素等
妊娠母肉牛	前期	饲料中添加抗生素药物，如呼诺玢、泰灭净、利高霉素、新强霉素和泰舒平（泰乐菌素）等；添加亚硒酸钠维生素E，妊娠全期的饲料中添加防治霉菌毒素药物（霉可脱）
	产前	驱虫。帝诺玢拌料1周，肌内注射1次得力米先（长效土霉素）等
产前、产后母肉牛	母肉牛产前、产后2周	饲料中适当添加一些抗生素药物，如呼肠舒、新强霉素（慢呼清）、阿莫西林（菌消清）、强力泰、强力霉素和金霉素等；母牛产后1~3天，如有发热症状，用输液来解决，所输液体内可加入庆大霉素、林可霉素，效果更佳

（续）

阶段		用药方案
哺乳仔肉牛	仔肉牛吃初乳前	口服庆大霉素、氟苯尼考1~2毫升或土霉素半片内
	3日龄	补铁（如血康、牲血素、富来血）、补硒（亚硒酸钠维生素E）
	1、7、14日龄	鼻腔喷雾卡那霉素、10%的呼诺芬
	7日龄左右、开食补料前后及断奶前后	饲料中添加一些抗应激药物，如维力康、开食补盐、维生素C及多维等。哺乳全期的饲料中适当添加一些抗生素药物，如菌消清、泰舒平、呼诺芬、呼肠舒、泰灭净、恩诺沙星及环丙沙星等。出生后体况比较差的肉牛犊，刚出生后喂些代乳粉（牛专用）兑开葡萄糖水或凉开水，连饮5~7天，并调整乳头以加强体况
	断奶	根据肉牛犊体况，25~28日龄断奶，断奶前几天母牛要控料、减料，以减少其泌乳量，在肉牛犊的饮用水中加入阿莫西林+恩诺沙星+速溶多维电解质液以预防腹泻。肉牛犊如发生球虫，可添加适合的药物来获得抗体
断奶保育肉牛	28~35日龄	在饲料或饮水中适当添加一些抗应激药物，如维力康、开食补盐、维生素C及多维等。此阶段可在肉牛犊饲料中添加泰乐菌素+磺胺二甲+TMP+金霉素，以保证肉牛犊健康。如发生链球菌、传染性胸膜肺炎，可采用阿莫西林+恩诺沙星+泰乐菌素+磺胺二甲+TMP+金霉素防治
	45~50日龄	要预防传染性胸膜肺炎的发生，可用氟苯尼考80克/吨+泰乐菌素+磺胺二甲+TMP+金霉素防治
生长育肥肉牛	整个生长期	可用泰乐菌素+磺胺二甲+TMP+金霉素添加在饲料中饲喂，并在应激时添加抗应激药物，如维力康、开食补盐、维生素C及多维等。定期在饲料中添加伊菌素、阿维菌素或帝诺芬、净乐芬等驱虫药物进行驱虫

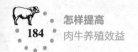

（续）

阶段		用药方案
公肉牛	饲养期	每月在饲料中适当添加一些抗生素药物，如土霉素预混剂、呼诺玢、呼肠舒、泰灭净、支原净和泰舒平（泰乐菌素）等，连用1周。每个季度在饲料中适当添加伊维菌素、阿维菌素或帝诺玢、净乐芬等驱虫药物，连用1周。每月体外喷洒驱虫药物一次，可使用虱螨净、杀螨灵
空怀母肉牛	空怀期	饲料中适当添加一些抗生素药物，如土霉素预混剂、呼诺玢、呼肠舒、泰灭净、支原净和泰乐菌素等，连用1周
	配种前	肌内注射一次得力米先、长效土霉素等；饲料中添加伊维菌素、阿维菌素或帝诺玢、净乐芬等驱虫药物进行驱虫，连用1周

注：1. 驱虫。牛群一年中最好驱虫3次，以防止线虫、螨虫、蛔虫等体内寄生虫病的发生，从而提高饲料报酬。药物选用伊维菌素或复方药（伊维菌素+阿苯达唑）等。

2. 红皮病的防治。红皮病主要是由于肉牛犊断奶后多系统衰弱综合征并发寄生虫病引起的，症状为体温达40~41℃，表皮出现小红点，多出现在30日龄以后，40~50日龄及全期都有。在治疗上，可采用先驱虫，后再用20%的长效土霉素和地塞米松+维丁胶性钙肌内注射治疗。预防此病，要从源头开始做自家苗，肉牛犊分别在7日龄和25日龄各接种一次。

第三节　肉牛常见病诊治

一、口蹄疫

牛口蹄疫是由口蹄疫病毒引起的偶蹄类动物共患的急性、热性、接触性传染病。

【病原及流行特点】　口蹄疫病毒属小核糖核酸病毒科口疮病毒属，根据血清学反应的抗原关系，病毒可分为O、A、C、亚洲Ⅰ，以及南非Ⅰ、Ⅱ、Ⅲ共7个不同的血清型和60多个亚型。口蹄疫病毒对酸、碱特别敏感。在pH为3时，病毒瞬间丧失感染力，当pH为5.5时，1秒钟内90%的病毒被灭活；1%~2%的氢氧化钠或4%的碳酸氢钠溶液1分钟内可将病毒杀死。温度为-70~-50℃时，病毒可存活数年；在85℃的条件下，1分钟即可杀死病毒。牛奶经巴氏消毒（72℃、15分钟），能使病毒感染力丧失。在自然条件下，病毒在牛毛上可存活24天，在麸皮中能存活104天。紫外线可杀死病毒，乙醚、丙酮、氯仿和蛋白酶对病毒无作用。该病发生无明显的季节性，但以秋末、冬春为发病盛期。该病以直接接触和间接接触的方式进行传递，病牛是该病的传染源。

【临床症状及病理变化】　潜伏期2~3天，有的可达7~21天。口腔（彩图27）、鼻、舌、乳房和蹄等部位出现水疱，12~36小时后出现破溃，局部露出鲜红色糜烂面。体温高达40~41℃。精神沉郁，食欲减退，脉搏和呼吸加快。流涎呈泡沫状。乳头上水疱破溃，挤乳时疼痛不安。蹄水疱破溃，蹄痛跛行，蹄壳边缘溃裂，重者蹄壳脱落。犊牛常因心肌麻痹死亡。剖检时可见心肌出现浅黄色或灰白色、带状或点状的条纹，似如虎皮，故称"虎斑心"。有的牛还会发生乳腺炎、流产症状。成年牛死亡率为1%~3%，犊牛易发生心肌炎和出血性肠炎，死亡率高。

【提示】

　　　该病传播速度快，典型症状是口腔、乳房和蹄部出现水疱和溃烂，尤其在口腔和蹄部的病变比较明显。

【防控】　做好隔离卫生和消毒工作，加强免疫接种。肌内注射牛O型口蹄疫灭活苗2~3毫升，1岁以下犊牛注射2毫升，成年牛注射3毫升（免疫期为6个月）。

发病后应及时报告疫情，同时在疫区严格实施封锁、隔离、消毒、紧急接种及治疗等综合措施。在紧急情况下，尚可应用口蹄疫高免血清或康复动物血清进行被动免疫，按每千克体重0.5~1毫升进行皮下注射，免疫期约2周。必须在最后1头病牛痊愈、死亡或急宰后14天，经全面大消毒后才能解除疫区封锁。患良性口蹄疫的牛，一般经一周左右便可自愈。为缩短病程、防止继发感染，可对症治疗。

牛口腔病变可用清水、食盐水或0.1%的高锰酸钾溶液清洗，再涂以 1%～2% 的明矾溶液或碘甘油，也可涂撒中药冰硼散（冰片 15 克、硼砂 150 克、芒硝 150 克，共研为细末）于口腔病变处；蹄部病变可先用 3% 的来苏儿清洗，后涂擦龙胆紫溶液、碘甘油和青霉素软膏等，用绷带包扎；乳房病变可用肥皂水或 2%～3% 的硼酸水清洗，后涂以青霉素软膏。患恶性口蹄疫的牛，除采用上述局部措施外，可用强心剂（如安钠咖）和滋补剂（如葡萄糖盐水）等。

二、牛流行热

牛流行热（又称三日热）是由牛流行热病毒引起的一种急性、热性传染病。

【病原及流行特点】 牛流行热病毒为 RNA 型，属于弹状病毒属。该病毒主要侵害牛，以 3～5 岁的壮年牛最易感。病牛是该病的传染源，其自然传播途径尚不完全清楚。一般认为，该病多经呼吸道感染。此外，吸血昆虫的叮咬，以及与病牛接触的人和用具的机械传播也是可能的。该病流行具有明显的季节性，多发生于雨量多和气候炎热的 6～9 月。流行上还有一定的周期性，3～5 年大流行一次。病牛多为良性经过，在没有继发感染的情况下，死亡率为 1%～3%。

【临床症状及病理变化】 发病初期，病牛震颤，恶寒战栗，接着体温升高到 40℃ 以上，稽留 2～3 天后体温恢复正常。在体温升高的同时，可见流泪，有水样眼屎，眼睑、结膜充血、水肿。呼吸促迫，每分钟呼吸次数可达 80 次以上，呼吸困难，病牛发出呻吟声，呈苦闷状。这是由于病牛发生了间质性肺气肿，有时会因窒息而死亡。食欲废绝，反刍停止。第一胃蠕动停止，出现臌胀或者缺乏水分，胃内容物干涸。粪便干燥，有时下痢。四肢关节浮肿疼痛，病牛呆立、跛行，以后起立困难而伏卧。皮温不整，特别是角根、耳翼、肢端有冷感。另外，颌下可见皮下气肿。流鼻液，口炎，显著流涎。口角有泡沫。尿量减少，尿混浊。妊娠母牛患病时，可发生流产、死胎。乳量下降或泌乳停止。剖检时可见气管和支气管黏膜充血和点状出血，黏膜肿胀，气管内充满大量泡沫黏液。肺显著肿大，有不同程度的水肿和间质气肿，压之有捻发音。全身淋巴结充血、肿胀或出血。真胃、小肠和盲肠黏膜呈卡他性炎和出血。其他实质脏器可见混浊、肿胀。

【提示】
临床特征为突然高热，呼吸促迫，流泪，消化器官有严重的卡他炎症，发生运动障碍。

【防控】 加强牛的卫生管理对该病的预防具有重要作用（管理不良时发病率高，并容易成为重症，增高死亡率）。使用甲紫灭活苗 10~15 毫升，第一次皮下注射 10 毫升，5~7 天后再注射 15 毫升，免疫期为 6 个月；或使用病毒裂解疫苗，第一次皮下注射 2 毫升，间隔 4 周后再注射 2 毫升，在每年 7 月前完成预防注射。

牛发病后，应立即隔离病牛并进行治疗，对假定健康牛和受威胁牛，可用高免血清进行紧急预防注射。高热时，肌内注射复方氨基比林 20~40 毫升或 30%的安乃近 20~30 毫升。重症病牛给予大剂量的抗生素，常用青霉素、链霉素，并用葡萄糖生理盐水、林格氏液、安钠咖、维生素 B_1 和维生素 C 等药物，采用静脉注射，每天注射 2 次。四肢关节疼痛的牛，可静脉注射水杨酸钠溶液。对于因高热而脱水和由此而引起的胃内容物干涸，可静脉注射林格氏液或生理盐水 2~4 升，并向胃内灌入3%~5%的盐类溶液 10~20 升。加强消毒，搞好灭蚊蝇等吸血昆虫工作，用牛流热疫苗进行免疫接种。

此外，也可用清肺、平喘、止咳、化痰、解热和通便的中药，辨证施治。如九味姜活汤，配方如下：姜活 40 克、防风 46 克、苍术 46 克、细辛 24 克、川芎 31 克、白芷 31 克、生地 31 克、黄芩 31 克、甘草 31 克、生姜 31 克、大葱 1 棵，水煎 2 次，一次灌服。在此配方基础上，视具体症状可添加其他成分：寒热往来可加柴胡；四肢跛行可加地风、年见、木瓜、牛膝；肚胀可加青皮、苹果、松壳；咳嗽可加杏仁、全蒌；大便干可加大黄、芒硝。均可缩短病程，促进病牛康复。

三、牛病毒性腹泻-黏膜病

牛病毒性腹泻-黏膜病是由牛病毒性腹泻病毒引起牛的以黏膜发炎、

糜烂、坏死和腹泻为特征的疾病。

【病原及流行特点】 牛病毒性腹泻病毒为黄病毒科、瘟病毒属，是一种单股 RNA、有囊膜的病毒。病毒对乙醚和氯仿等有机溶剂敏感，并能被灭活。病毒在低温下稳定，真空冻干后在 -70 ~ -60℃下可保存多年。病毒在 56℃下可被灭活，氯化镁不起保护作用。病毒可被紫外线灭活，但可经受多次冻融。家养和野生的反刍兽及猪是该病的自然宿主。自然发病病例仅见于牛，各种年龄的牛都有易感性，但 6 ~ 18 月龄的幼牛易感性较高，感染后更易发病。病毒可随分泌物和排泄物排出体外。持续感染的牛可终生带毒、排毒，因而是该病传播的重要传染源。该病主要经口感染，易感动物因食用被污染的饲料或饮用被污染的水而感染，也会因吸入由病畜咳嗽、呼吸而排出的带毒的飞沫而感染。病毒可通过胎盘发生垂直感染。病毒血症期的公牛精液中也有大量病毒，可通过自然交配或人工授精而感染母牛。该病常发生于冬季和早春，舍饲牛和放牧牛都可发病。

【临床症状及病理变化】 发病时，多数牛不会表现出临床症状，只见少数轻型病例。有时也引起全群突然发病。腹泻是急性病牛的特征性症状，可持续 1 ~ 3 周。粪便水样、恶臭，有大量黏液和气泡，体温高达 40 ~ 42℃。慢性病牛会出现间歇性腹泻，病程较长，一般持续 2 ~ 5 个月，表现为消瘦、生长发育受阻，有的牛出现跛行。剖检病变在消化道和淋巴结、口腔黏膜、食道和整个胃肠道黏膜充血、出血、水肿和糜烂，整个消化道淋巴结发生水肿。

【防控】 目前应用牛病毒性腹泻-黏膜病弱毒疫苗来预防该病。疫苗采用皮下注射，成年牛注射 1 次，犊牛在 2 月龄注射适量，到成年时再注射 1 次，用量要参照说明书的要求。

牛发病后，尚无有效的治疗方法，只能加强护理和对症疗法，增强牛体的抵抗力，促使病牛康复。取次碳酸秘片 30 克、磺胺二甲嘧啶片 40 克，给牛一次口服。或者用磺胺嘧啶注射液 20 ~ 40 毫升，给牛进行肌内注射或静脉注射。

四、牛恶性卡他热

牛恶性卡他热（又称恶性头卡他或坏疽性鼻卡他）是由恶性卡他热病毒引起的一种急性、热性、非接触性传染病。

【病原及流行特点】　牛恶性卡他热病毒为疱疹病毒丙亚科的成员。其病原为两种γ-疱疹病毒：一种是狷羚属疱疹病毒1型（AIHV-1），其自然宿主为角马；另一种是作为亚临床感染在绵羊中流行的绵羊疱疹病毒2型（OVHV-2）。病毒不能抵抗冷冻和干燥。病毒在室温中24小时便失去活力，在冰点以下温度会失去活性。隐性感染的绵羊、山羊和角马是该病的主要传染源。该病多发生于2~5岁的牛，老龄牛及1岁以下的牛发病较少。该病一年四季均可发生，但以春季、夏季发病较多。

【临床症状及病理变化】　该病自然感染平均潜伏期为3~8周，人工感染平均潜伏期为14~90天。病初高热（40~42℃），精神沉郁。在发病的第1天末或第2天，眼、口及鼻黏膜发生病变。该病在临床上分为头眼型、肠型、皮肤型和混合型。

（1）头眼型　眼结膜发炎，畏光、流泪，后角膜混浊，眼球萎缩、溃疡及失明。鼻腔、喉头、气管、支气管及颌窦卡他性及伪膜性炎症，呼吸困难，炎症可蔓延到鼻窦、额窦、角窦，角根发热，严重者两角脱落。鼻镜及鼻黏膜先充血，后坏死、糜烂、结痂。口腔黏膜潮红、肿胀，出现灰白色丘疹或糜烂。牛的病死率较高。

（2）肠型　先便秘后下痢，粪便带血、恶臭。口腔黏膜充血，常在唇、齿龈、硬腭等部位出现伪膜，脱落后形成糜烂及溃疡。

（3）皮肤型　颈部、肩胛部、背部、乳房、阴囊等处的皮肤出现丘疹、水疱，结痂后脱落，有时形成脓肿。

（4）混合型　该类型的病比较多见。病牛同时有头眼症状、胃肠炎症状及皮肤丘疹等。有的病牛出现脑炎症状。病牛一般经5~14天死亡，病死率达60%。

剖检鼻窦、喉、气管及支气管黏膜充血、肿胀，有伪膜及溃疡。口、咽、食道出现糜烂、溃疡，真胃充血、水肿、斑状出血及溃疡，整个小

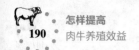
肠充血、出血。头颈部淋巴结充血和水肿，脑膜充血，呈非化脓性脑炎变化。肾皮质有白色病灶是该病的特征性病变。

【提示】

　　临床特征是持续发热，口、鼻流出黏脓性液体，眼黏膜发炎，角膜混浊，并有脑炎症状，病死率很高。

【防控】　加强饲养管理，增强牛抵抗力，注意栏舍的卫生。发现病牛后，按《中华人民共和国动物防疫法》及有关规定，采取严格的控制、扑灭措施，防止扩散。对病牛应隔离扑杀，对污染场所及用具等进行严格的消毒。

五、新生犊牛腹泻

　　新生犊牛腹泻是一种发病率高、病因复杂、难以治愈、死亡率高的疾病。

　　【病原及流行特点】　轮状病毒和冠状病毒可能是新生犊牛腹泻最初的致病因子。虽然病毒并不能直接引起犊牛死亡，但这两种病毒能使犊牛的肠道功能减退，极易继发细菌感染，尤其是致病性大肠杆菌，会引起犊牛严重的腹泻。另外，母乳过浓、气温突变、饲养管理失误及卫生条件差等对该病的发生都有明显的促进作用。犊牛下痢尤其多发于集约化饲养的犊牛群中。

　　【临床症状及病理变化】　该病多发于出生后第2~5天的犊牛。病程2~3天，呈急性经过。病犊牛突然表现精神沉郁、食欲废绝，体温高达39.5~40.5℃，病后不久即排灰白、黄白色水样或粥样稀便，粪便中混有未消化的凝乳块。后期粪便中含有黏液、血液、伪膜等，粪色由灰色变为褐色或血样，具有酸臭或恶臭气味，尾根和肛门周围被稀粪污染（彩图28），尿量减少。1天后，病犊牛背腰弓起，肛门外翻，常见里急后重、张口伸舌、呻叫。病程后期，牛常因脱水衰竭而死。该病可分为败血型、肠毒血型和肠型。

　　（1）**败血型**　主要发生于7日龄内的未吃过初乳的犊牛。致病菌由肠道进入血液而致犊牛发病，常见突然死亡。

（2）**肠毒血型**　主要发生于 7 日龄的吃过初乳的犊牛。该病是由于致病性大肠杆菌在牛的肠道内大量增殖并产生肠毒素，肠毒素被吸收进入血液而导致的。

（3）**肠型（白痢）**　最为常发的犊牛腹泻病，见于 7~10 日龄的吃过初乳的犊牛。病死犊牛由于腹泻，机体脱水严重，导致消瘦。病变主要在消化道，呈现严重的卡他性、出血性炎症。肠系膜淋巴结肿大，有的还可见到脾脏肿大，肝脏与肾脏被膜下出血，心内膜有点状出血。肠内容物如同血水样，混有气泡。

【防控】　对于刚出生的犊牛，可以尽早投服预防剂量的抗生素药物，如氟苯尼考、痢菌净等，对于防止该病发生有一定的效果。另外，可以给妊娠期的母牛注射用当地流行的致病性大肠杆菌株所制的菌苗。在该病发生严重的地区，应考虑给妊娠母牛注射轮状病毒和冠状病毒疫苗。如江苏省农业科学院研制的牛轮状病毒疫苗，给妊娠母牛接种以后，能有效控制犊牛下痢症状的发生。

发病治疗时最好进行药敏试验，选用敏感药物。如使用庆大霉素、氨苄青霉素（氨苄西林）等。在抗菌治疗的同时，还应配合补液，以强心和纠正酸中毒。使用口服的 ORS 液（氯化钠 3.5 克、氯化钾 1.5 克、碳酸氢钠 2.5 克、葡萄糖 20 克，加常水至 1000 毫升），供犊牛自由饮用。或按每千克体重 100 毫升、每天分 3~4 次给犊牛灌服，即可迅速补充体液，同时能起到清理肠道的作用。或取 6% 的低分子右旋糖酐、生理盐水、5% 的葡萄糖、5% 的碳酸氢钠各 250 毫升，氢化可的松 100 毫克、维生素 C 10 毫升，全部混溶后，给犊牛一次静脉注射。轻症的牛每天补液一次，重危症的牛每天补液两次。补液速度以 30~40 毫升/分钟为宜。危重病犊牛也可输全血，可任选供血牛，但以该病犊牛的母牛血液最好。取 2.5% 的枸橼酸钠 50 毫升、全血 450 毫升，混合后一次静脉注射。

六、牛传染性鼻气管炎

牛传染性鼻气管炎（又称坏死性鼻炎或红鼻病）是由Ⅰ型牛疱疹病

毒引起的一种牛呼吸道接触性传染病。

【病原及流行特点】 Ⅰ型牛疱疹病毒属于疱疹病毒科 a 疱疹病毒亚科。病牛和带毒的动物是主要传染源。隐性感染的种公牛的精液带毒，这种牛是最危险的传染源。病愈牛可带毒 6~12 个月，甚至长达 19 个月。病毒主要存在于鼻、眼和阴道的分泌物和排泄物中。该病可通过空气、飞沫、物体及与病牛的直接接触、交配，经呼吸道黏膜、生殖道黏膜、眼结膜传播，主要由飞沫经呼吸道传播。吸血昆虫也可传播该病。在自然条件下，只有牛易感。各种年龄和品种的牛均易感，其中以 20~60 日龄的犊牛最易感，肉用牛比乳用牛易感。该病在秋季、冬季较易流行。在过分拥挤、密切接触的条件下，更易迅速传播。运输、运动、发情、分娩、卫生条件及应激因素均会影响该病的发病率。一般发病率为 20%~100%，死亡率为 1%~12%。

【临床症状及病理变化】 该病自然感染潜伏期一般为 4~6 天。临床分为呼吸道型、生殖道型、流产型、脑炎型和眼炎型。

（1）呼吸道型 为该病最常见的一种类型，表现为鼻气管炎。病初高热（40~42℃），流泪、流涎，有黏脓性鼻液。鼻黏膜高度充血，呈火红色。呼吸高度困难，咳嗽不常见。病变表现为上呼吸道黏膜炎症，以鼻腔和气管内有纤维素蛋白性渗出物为特征。

（2）生殖道型 母牛表现为外阴阴道炎（传染性脓疱性外阴阴道炎）。阴门、阴道黏膜充血，有时表面有散在性灰黄色、粟粒大的脓疱，重症者脓疱融合成片，形成伪膜。妊娠牛一般不发生流产。公牛表现为龟头包皮炎，称为传染性脓疱性龟头包皮炎。龟头、包皮、阴茎出现充血、溃疡，阴茎弯曲，精囊腺变性、坏死。

（3）流产型 一般见初胎青年母牛妊娠期的任何阶段，也可发生于经产母牛。

（4）脑炎型 表现为脑非化脓性炎症变化，易发生于 4~6 月龄犊牛。病牛在病初表现为流涕、流泪，呼吸困难，之后肌肉痉挛、兴奋或沉郁、角弓反张、共济失调，发病率低，但病死率高，可达 50%以上。

（5）眼炎型 表现为结膜角膜炎，不发生角膜溃疡，一般无全身反应，常与呼吸道型合并发生。在结膜下可见水肿，结膜上可形成灰黄色颗粒状坏死膜，严重者眼结膜外翻。角膜混浊呈云雾状，眼、鼻流出浆液脓性分泌物。

【防控】 在秋季进入育肥场之前给青年牛注射疫苗，可避免由该病导致的损失。当检出阳性牛时，最经济的办法是予以扑杀。当牛发病时，应立即隔离病牛，采用抗生素并对症治疗，以减少死亡。牛康复后可获得较好的免疫力。未被感染的牛接种疫苗。

七、牛白血病

牛白血病是牛的一种慢性肿瘤性疾病，其特征为淋巴样细胞恶性增生、进行性恶病质和高度病死率。

【病原及流行特点】 病原为牛白血病病毒，只感染牛的 B 淋巴细胞，并长期存在于牛体内。该病主要发生于牛、绵羊、瘤牛，水牛和水豚也能感染，以 4~8 岁成年牛最常见。病畜和带毒者是该病的传染源。该病的平均潜伏期为 4 年。吸血昆虫在该病传播过程中具有重要作用。被污染的医疗器械（如注射器、针头）可以起到机械传播该病的作用。

【临床症状及病理变化】 该病有亚临床型和临床型两种表现。亚临床型无瘤的形成，其特点是淋巴细胞增生，可持续多年或终身，对牛的健康状况没有任何影响。这样的牛有可能进一步发展为临床型。此时的病牛生长缓慢，体重减轻，体温一般正常，有时略为升高。从体表或经直肠可摸到某些淋巴结呈一侧或对称性增大。腮淋巴结或股前淋巴结常显著增大，触摸时可移动。如一侧肩前淋巴结增大，病牛的头颈可向对侧偏斜；眶后淋巴结增大，可引起眼球突出。

剖检的尸体往往消瘦、贫血，腮淋巴结、肩前淋巴结、股前淋巴结、乳房上淋巴结和腰下淋巴结肿大，被膜紧张，呈均匀的灰色，柔软，切面突出。心脏、真胃和脊髓常发生浸润。心肌浸润常发生于右心房、右心室和心隔，色灰而增厚。循环扰乱导致全身性被动充血和水肿。脊髓被膜外壳里的肿瘤结节使脊髓受压、变形和萎缩。真胃壁由于肿瘤浸润而变厚、变硬。肾脏、肝脏、肌肉、神经干和其他器官亦可受损，但脑

的病变较为少见。

【防控】 以严格检疫、淘汰阳性牛为中心，采取定期消毒、驱除吸血昆虫、杜绝因手术、注射可能引起的交互传染等在内的综合性措施。无病地区应严格防止引入病牛和带毒牛。对于引进的新牛，必须认真检疫，发现阳性牛，立即淘汰，但不得出售。阴性牛也必须隔离 3~6 个月及以上方能混群。每年应对疫场进行 3~4 次临床、血液和血清学检查，不断剔除阳性牛。对于感染不严重的牛群，可借此净化牛群。如感染牛较多或牛群长期处于感染状态，应采取全群扑杀的坚决措施。

八、牛细小病毒病

牛细小病毒病是由牛细小病毒感染引起的一种接触性传染病。

【病原及流行特点】 病原是细小病毒。病牛和带毒牛是传染源。病毒经粪便排出，污染环境，经口播散。病毒也能通过胎盘感染胎儿，造成胎儿畸形、死亡和流产。

【临床症状及病理变化】 妊娠母牛感染后，主要病变在胚胎和胎儿。胚胎可死亡或被吸收，死亡的胚胎随后发生组织软化；胎儿表现充血、水肿、出血、体腔积液和脱水（木乃伊化）等病变。病毒经口服或静脉注射感染新生犊牛，24~48 小时即可引起腹泻，排泄物呈水样，含有黏液。剖检病死犊牛，可见尸体消瘦、脱水明显，肛门周围有稀粪。病变主要是回肠和空肠黏膜有不同程度的充血、出血或溃疡，口腔、食管、真胃、盲肠、结肠和直肠也可见水肿、出血、糜烂性变化，肠系膜淋巴结肿大、出血，有的出现坏死灶。

【提示】
　　该病的特征是引起妊娠母牛流产、死胎，小牛感染后则表现为肠炎、腹泻。

【防控】 隔离病牛，搞好牛舍和环境卫生，平时注意消毒，防止感染。主要采取对症疗法，补液，给予抗生素或磺胺类药物控制继发感染。该病目前还无用于预防的疫苗。该病尚无特效疗法。

九、牛海绵状脑病

【病原及流行特点】 牛海绵状脑病又称疯牛病。病原至今仍未确定。常用消毒剂及紫外光消毒无效，在136℃高温下，经过30分钟才能杀死该病原。该病主要通过被污染的饲料经口传染。由于该病潜伏期较长，被感染的牛到2岁时才有少数发病的，3岁时发病的牛明显增加，4岁和5岁的牛发病达到高峰，6~7岁的牛发病明显减少，9岁以后的牛发病率维持在低水平。该病的流行没有明显的季节性。

【临床症状及病理变化】 病牛临床症状大多表现出中枢神经系统的变化，行为异常、惊恐不安、神经质；姿态和运动异常，四肢伸展过度，后肢运动失调、震颤和跌倒、麻痹、轻瘫；感觉异常，对外界的声音和触摸过敏，擦痒。剖检病牛病变不典型。

【提示】

　　牛海绵状脑病以潜伏期长，病情逐渐加重，行为反常、运动失调、轻瘫、体重减轻、脑灰质海绵状水肿和神经元空泡形成为特征。病牛最终死亡。

【防控】 禁止在饲料中添加反刍动物蛋白；严禁将病牛屠宰后供食用。杀灭该病病原比较有效的方法是用3%~5%的苛性钠溶液作用1小时或0.5%以上的次氯酸钠作用2小时。该病目前无特效治疗方法。

十、牛巴氏杆菌病

牛巴氏杆菌病是一种由多杀性巴氏杆菌引起的急性、热性传染病，又称出血性败血症。常以高温、肺炎及内脏器官广泛性出血为特征。该病多见于犊牛。

【病原及流行特点】 牛巴氏杆菌病的病原是多杀性巴氏杆菌。该病遍布全世界，各种畜禽均可发病。常呈散发性或地方流行性发生，多发生在春、秋两季。

【临床症状及病理变化】 病初体温升高，可达41℃以上。鼻镜干

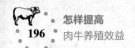

燥，结膜潮红，食欲和反刍减退，脉搏加快，精神委顿，被毛粗乱，肌肉震颤。有的牛呼吸困难，痛苦咳嗽，流泡沫样鼻涕，呼吸音加强，并有水泡音。有些病牛先便秘后腹泻，粪便带血或黏液。剖检可见黏膜、浆膜有小点出血，淋巴结充血、肿胀，其他内脏器官也有出血点。肺呈肝变、质脆，切面呈黑褐色。

【提示】

临床特征是牛的肌肉震颤、眼睑抽搐、往后使劲、倒地抽搐、四肢呈游泳状及口吐白沫。

【防控】 对以往发生该病的地区和该病流行时，应定期或随时注射牛出血性败血症氢氧化铝菌苗。体重在100千克以下者，皮下注射4毫升；体重在100千克以上者，皮下注射6毫升。

对刚发病的牛，静脉注射痊愈牛的全血500毫升，同时，将8~15克四环素溶解在1000~2000毫升5%的葡萄糖溶液中静脉注射，每天1次。将普鲁卡因、青霉素300~600万单位，双氢链霉素5~10克同时肌内注射，每天1~2次。强心剂可用20%的安钠咖注射液20毫升，每天肌内注射2次。重症者可用硫酸庆大霉素80万单位，每天肌内注射2~3次。保护胃肠可用碱式硝酸铋30克和磺胺脒30克，每天内服3次。

十一、牛沙门菌病

牛沙门菌病（又称牛副伤寒）以牛败血症、毒血症或胃肠炎、腹泻、妊娠牛流产为特征，在世界各地均有发生。

【病原及流行特点】 病原多为鼠伤寒沙门菌或都柏林沙门菌。舍饲青年犊牛比成年牛易感，往往呈流行性。病牛和带菌牛是该病的传染源。通过消化道和呼吸道感染，亦可通过病牛与健康牛的交配或病牛精液人工授精而感染。

【临床症状及病理变化】 主要症状是下痢。犊牛呈流行性发生，成年牛呈散发性。该病的潜伏期因各种发病因素不同而不同。

（1）犊牛沙门菌病 病程可分为最急性、急性和慢性。最急性型表现为菌血症或毒血症症状，其他症状不明显。病牛发病 2~3 天便死亡。急性型体温升高到 40~41℃，精神沉郁，食欲减退，继而出现胃肠炎症状，排出黄色或灰黄色、混有血液或伪膜的有恶臭味的糊状或液体粪便，有时表现出咳嗽和呼吸困难。慢性型除有急性型的个别表现外，可见关节肿大或耳朵、尾部、蹄部发生贫血性坏死，病程为数周至 3 个月。病理解剖变化以脾脏肿大最明显，一般肿大 2~3 倍，呈紫红色。真胃、小肠黏膜有弥漫性小出血点，肠道中有覆盖着痂膜的溃疡。慢性病例主要表现为肺、肝脏、肺尖叶，心叶实变（肉变），与胸肋膜粘连，肝脏有坏死灶。

（2）成年牛沙门菌病　多见于 1~3 岁的牛，病牛体温升高到 40~41℃，表现为沉郁、减食、减奶、咳嗽、呼吸困难、结膜炎、下痢。粪便带血和纤维素絮片，恶臭。病牛因脱水而消瘦，有跗关节炎、腹痛症状。母牛会发生流产。病程一般为 1~5 天，病死率为 30%~50%。成年牛有时呈顿挫型经过，病牛发热、不食、精神委顿，泌乳量下降，但经过 24 小时左右，这些症状即可减退。病变同犊牛沙门菌病。

【防控】　加强牛的饲养管理，保持牛舍清洁，定期进行消毒；犊牛出生后，应吃足初乳，注意产房的卫生和保暖；免疫接种。沙门菌灭活苗的免疫力不如活菌苗的免疫力。对于妊娠母牛，采用都柏林沙门菌活菌苗接种，可保护数周龄以内的犊牛，还能使感染的犊牛减少粪便排菌。

发现病牛应及时隔离、治疗，可使用庆大霉素、氨苄青霉素和喹诺酮类等抗菌药物。氨苄青霉素钠：犊牛按每千克体重 4~10 毫克口服。牛按每千克体重 2~7 毫克肌内注射，每天 1~2 次。

【注意】

有些药物使用时间长，易产生抗药性。有条件的地区应分离细菌，做药敏试验。

十二、布氏杆菌病

布氏杆菌病是由布氏杆菌引起的一种人兽共患疾病。其特征是生殖

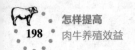

器官和胎膜发炎，引起流产、不育和各种组织的局部病灶。

【病原及流行特点】 布氏杆菌属有 6 个种，相互间各有差别。母牛较公牛易感，犊牛对该病具有抵抗力。随着牛的年龄的增长，对该病的抵抗力逐渐减弱。当牛性成熟后，对该病最为敏感。病牛可成为该病的主要传染源，尤其是受感染的母牛，流产后的阴道分泌物及乳汁中都含有布氏杆菌。牛主要是摄入了被布氏杆菌污染的饲料和饮用水而感染，也可通过皮肤创伤感染。布氏杆菌进入牛体后，很快在所适应的组织或脏器中定居下来。病牛将终生带菌，不能治愈，并且病菌不定期地随乳汁、精液、脓汁，特别是母牛流产的胎儿、胎衣、羊水、子宫和阴道分泌物等排出体外，扩大感染。

【临床症状及病理变化】 牛感染布氏杆菌后，潜伏期通常为 2 周至6 个月。主要临床症状为母牛流产，也会出现低热，但常被忽视。妊娠母牛在任何时期都可能发生流产，但流产主要发生在妊娠后的第 6~8 个月。流产过的母牛，如果再次发生流产，其流产时间会向后推迟。流产前可表现出临产时的症状，如阴唇、乳房肿大等。在阴道黏膜上有粟粒大的红色结节，并且从阴道内流出灰白色或灰色的黏性分泌物。流产时常有胎衣不下的现象。流产的胎儿有的在产前已死亡，有的产出后很衰弱，不久即死。公牛患该病后，主要发生睾丸炎和附睾炎。发病初期病牛有睾丸肿胀、疼痛，中度发热和食欲不振的现象。3 周以后，疼痛逐渐减轻，表现为睾丸和附睾肿大，触之坚硬。此外，病牛还可出现关节炎，严重时关节肿胀、疼痛，重病牛则卧地不起。牛流产 1~2 次后，可以转为正常产，但仍然能传播该病。

妊娠母牛子宫与胎膜的病变较为严重。绒毛膜因充血而呈污红色或紫红色，表面覆盖黄色坏死物和污灰色脓汁。常见到深浅不一的糜烂面。胎膜水肿、肥厚，呈黄色胶冻样浸润。由于母体胎盘与胎儿胎盘炎性坏死而引起流产。胎儿胎盘与母体胎盘粘连，导致胎衣不下，可继发子宫炎。胎儿真胃内含有微黄色或白色黏液及絮状物；有的胃肠、膀胱黏膜和浆膜上有出血点；肝脏、脾脏、淋巴结有不同程度的肿胀。

【提示】

　　根据母牛流产和表现出的相应临床变化，应该怀疑有该病的存在。

【防控】　阴性牛与受威胁牛群应全部免疫。奶牛、种牛每年都要检疫，其产品必须具有布氏杆菌病检疫合格证方可出售。

　　因为该病在临床上难以治愈，也不允许治疗，所以，发现病牛后，应采取严格的扑杀措施，彻底销毁病牛尸体及其污染物。在该病的控制区和稳定控制区内，停止注射疫苗；对易感牛实行定期疫情监测，及时扑杀病牛。在未控制区内，主要以免疫为主，定期抽检，发现阳性牛时应全部扑杀。在疫区内，如果出现布氏杆菌病疫情暴发，疫点内牛群必须全部进行检疫，阳性病牛要全部扑杀，不进行免疫。

十三、犊牛大肠杆菌病

　　犊牛大肠杆菌病（又称犊牛白痢）是由一定血清型的大肠杆菌引起的一种急性传染病。该病特征为败血症和严重的腹泻、脱水，引起幼牛大量死亡或发育不良。

【病原及流行特点】　犊牛大肠杆菌的病因复杂，往往是由大肠杆菌和轮状病毒、冠状病毒等多种致病因素引起的。传染源主要是病牛和能排出致病性大肠杆菌的带菌牛，通过消化道、脐带或产道传播，多见于2~3周的犊牛。该病多发生在冬春季节。

【临床症状及病理变化】　以腹泻为特征，具体分为败血型、肠毒血型和肠炎型。败血型大肠杆菌病的表现是：精神沉郁，食欲减退或废绝，心跳加快，黏膜出血，关节肿痛，有肺炎或脑炎症状，体温达40℃，腹泻；大便由浅黄色粥样变为浅灰色水样，混有凝血块、血丝和气泡，有恶臭；病初排粪用力，后变为自由流出，污染牛的后躯；最后，牛高度衰弱，卧地不起，急性在24~96小时死亡，死亡率高达80%~100%。肠毒血型大肠杆菌病的表现是：病程短促，一般最急性2~6小时便死亡。肠炎型大肠杆菌病的表现是：多发生于10日龄内的犊牛，出现腹泻，排

泄物先是白色，后变为黄色的带血便，后躯和尾巴沾满粪便，有恶臭，病牛消瘦、虚弱，3～5天便因脱水而死亡。

【防控】 母牛进入产房前，对产房及临产母牛要进行彻底的消毒；产前3～5天，对母牛的乳房及腹部皮肤用0.1%的高锰酸钾擦拭，哺乳前应再重复一次。犊牛出生后，立即喂服地衣芽孢杆菌，每次喂2～5克，每天喂3次。或喂乳酸菌素片，每次喂6粒，每天喂2次，可获得良好的预防效果。

发病后的治疗原则为抗菌、补液、调节胃肠机能。抗菌采用新霉素，用量为每千克体重0.05克，每天给犊牛肌内注射1克，给犊牛口服200～500毫克，每天2～3次，连用5天，可使犊牛在8周内不发病。金霉素粉用量为每千克体重30～50毫克，每天2～3次。补液主要是通过静脉输入的方式，给犊牛输入复方氯化钠溶液、生理盐水或葡萄糖盐水2000～6000毫升，必要时还可加入碳酸氢钠、乳酸钠等，以防酸中毒。调节胃肠机能主要是在病初，当犊牛体质尚强壮时，应先投予盐类泻剂，使胃肠道内含有大量病原菌及毒素的内容物及早排出。此后，可再投予各种收敛和健胃剂。

十四、炭疽

炭疽是由炭疽杆菌引起人畜共患的一种急性、热性、败血性传染病，多呈散发或地方流行性，以脾脏显著肿大、皮和浆膜下结缔组织出血性胶样浸润、血液凝固不良及尸僵不全为特征。

【病原及流行特点】 炭疽是由炭疽芽孢杆菌引起的传染性疾病，传染源主要为患病的食草动物。该病的潜伏期一般为1～5天。由于皮肤黏膜伤口直接接触病菌，病菌可直接侵袭完整皮肤而致病或经呼吸道吸入带炭疽芽孢的尘埃、飞沫等而致病。另外，经消化道摄入被污染的食物或饮用水等也可感染。

【临床症状及病理变化】

(1) 最急性型 病牛表现为突然发病，体温升高，行走摇摆或站立不动，也有的突然倒地，出现昏迷、呼吸极度困难的现象，可视黏膜呈蓝紫色、口吐白沫、全身战栗。濒死期牛的鼻孔、口腔、肛门等天然孔出血，病程很短，出现症状后数小时即可死亡。

（2）**急性型**　最常见的一种类型。病牛的体温急剧上升到42℃，精神不振，食欲减退或废绝，呼吸困难，可视黏膜呈蓝紫色或有小出血点。初便秘，后腹泻带血，有时腹痛，尿呈暗红色，有时混有血液。妊娠牛可发生流产，严重者兴奋不安、惊慌哞叫，口和鼻腔往往有红色泡沫流出。濒死期的病牛体温急剧下降，呼吸极度困难，在1~2天后因窒息而死。

（3）**亚急性型**　病状与急性型相似，但病程较长，2~5天。病情较缓和，牛的喉、胸前、腹下、乳房等部位的皮肤及直肠、口腔黏膜发生炭疽痈，初期呈硬的团块状，有热痛，以后热痛消失，可发生溃疡或坏死。

【防控】　经常发生炭疽及受威胁的地区，每年秋季应做无毒炭疽芽孢苗或二号炭疽芽孢苗的预防接种（春季给新生牛补种），可获得1年以上的免疫力。

牛发病后采取的措施：一是封锁处理。该病发生后，应立即对牛群进行检查，隔离病牛，并立即给予预防治疗。同群牛应用免疫血清进行预防接种，1~2天后再接种疫苗，对于假定健康的牛，应进行紧急预防接种。在最后一头病牛死亡或痊愈后，经过15天，到疫苗接种反应结束时，方可解除封锁。二是彻底消毒。对病牛污染的牛舍、用具及地面应彻底消毒。将病牛躺卧过的地面的表土除去15~20厘米，取下的土与20%的漂白粉溶液混合后再行深埋。如是水泥地面，则用20%的漂白粉消毒。被污染的饲料、垫草及牛的粪便应烧毁。病牛的尸体不能解剖，应全部焚烧或深埋，且不能浅于2米。尸体底部表面应撒上一层厚厚的漂白粉。凡和尸体接触过的车辆、用具都应彻底消毒。工作人员在处理尸体时，必须戴上手套，穿上胶靴和工作服，且用后立即消毒。凡手和体表有伤口的人员，不得接触病牛和尸体。疫区内禁止闲杂人员、动物随便进出，禁止输出牛产品和饲料，禁止食用病牛肉。三是药物治疗。抗炭疽血清是治疗炭疽的特效药，成年牛每次皮下注射或静脉注射100~300毫升，犊牛每次使用30~60毫升，必要时，12小时后再注射一次。

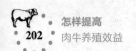

或使用磺胺嘧啶，定时、足量进行肌内注射，按每千克体重 0.05~0.10克，分 3 次进行肌内注射。第一次用量加倍。或使用水剂青霉素 80 万~120 万单位，每天进行 2 次肌内注射，随后用油剂青霉素 120 万~240 万单位，每天进行 1 次肌内注射，连用 3 天。如果是体表炭疽痈，可使用普鲁卡因青霉素，在肿胀部位周围分点注射。

十五、传染性胸膜肺炎

牛传染性胸膜肺炎（又称牛肺疫）是由丝状支原体丝状亚种引起的一种高度接触性传染病，以渗出性纤维素性肺炎和浆液纤维素性胸膜肺炎为特征。

【病原及流行特点】 传染性胸膜肺炎的病原为丝状支原体丝状亚种，属支原体科支原体属成员。病原体对外界环境的抵抗力甚弱，若暴露在空气中，特别是在直射阳光下，几个小时即失去毒力。遇到干燥、高温的条件便迅速死亡。该病主要是由于健康牛与病牛直接接触而传染的，病菌经咳嗽、唾液、尿液排出（飞沫），经呼吸道传播。在适宜的气候环境下，病菌可传播到几千米以外。该病也可经胎盘传染。传染源为病牛、康复牛及隐性带菌者。隐性带菌者是主要的传染源。

【临床症状及病理变化】 自然感染，潜伏期为 2~4 周，最短的是 7天，最长的达 8 个月。

（1）急性 牛在病初的体温高达 40~42℃，呈稽留热型。病牛的鼻翼开放，呼吸急促而浅，呈腹式呼吸和痛性短咳。因胸部疼痛而不愿行走或卧下，肋间下陷，呼气长、吸气短。叩诊胸部，患侧发浊音，并有痛感。听诊肺部，有湿性啰音，肺泡音减弱或消失。有胸膜炎发生时，可听到摩擦音。病牛后期心脏衰弱，有时因胸腔积液，只能听到微弱心音，甚至听不到。重症可见前胸下部及肉垂水肿，尿量少且尿比重增加，便秘和腹泻交替发生。病牛体况衰弱，眼球下陷，呼吸极度困难，体温下降，最后窒息死亡。急性病例病程为 15~30 天，最终死亡。

（2）慢性 病例多由急性转来，也有开始即为慢性经过的。病牛除体况瘦弱外，多数症状不明显，偶发干性咳嗽，听诊胸部，可能有不大的浊音区。病牛在良好的饲养管理条件下，症状缓解，逐渐恢复正常。少数病例因病变区域较大、饲养管理条件改变或劳役过度等，易引起恶化，预后不良。

【防控】 对疫区和受威胁区的 6 月龄以上的牛，必须每年接种 1 次牛肺疫兔化弱毒菌苗。不从疫区引进牛。

发现病牛或可疑病牛，要尽快确诊，上报疫情，划定疫点、疫区和受威胁区。对疫区实行封锁，按照《中华人民共和国动物防疫法》规定，采取紧急、强制性的控制和扑灭措施。扑杀患病牛；对同群牛隔离观察，进行预防性治疗；对栏舍、场地和饲养工具、用具进行彻底消毒；对污水、污物、粪尿等严格进行无害化处理。严格执行封锁疫区的各项规定。

十六、结核病

牛结核病是由结核分枝杆菌引起的人畜和禽类共患的一种慢性传染病。其病理特点是在机体多种组织器官中形成结核结节性肉芽肿和干酪样坏死、钙化结节性病灶。

【病原及流行特点】 结核分枝杆菌主要分为牛分枝杆菌（牛型）、结核分枝杆菌（人型）和禽分枝杆菌（禽型）。结核病畜是主要的传染源。结核分枝杆菌在机体中分布于各个器官的病灶内，病畜可由粪便、乳汁、尿及气管分泌物排出病菌，污染周围环境而散布传染。该病主要经呼吸道和消化道传染，也可经胎盘传播或交配感染。该病一年四季都可发生。一般来说，该病在舍饲的牛中发生较多。牛舍拥挤、阴暗、潮湿、污秽，过度役使和挤奶、饲养不当等，均可促进该病的发生和传播。

【临床症状及病理变化】 潜伏期一般为 10～15 天，有时达数月以上。病程呈慢性经过，病牛表现为进行性消瘦，咳嗽、呼吸困难，体温一般正常。病菌侵入机体后，由于毒力、机体抵抗力和受害器官不同，表现出来的症状也不一样。在牛体中，病菌多侵害肺（病牛呈进行性消瘦，病初有短促干咳，渐变为湿性咳嗽。听诊肺区，有啰音；当胸膜有

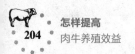

结核时，可听到摩擦音。叩诊时有实音区，并有痛感）、乳房（乳量渐少或停乳，乳汁稀薄，有时混有脓块。乳房淋巴结硬肿，但无热痛）、肠（多见于犊牛，以便秘与下痢交替出现或顽固性下痢为特征）、神经（中枢神经系统受侵害时，脑和脑膜等可发生粟粒状或干酪样结核，常引起神经症状，如癫痫样发作、运动障碍等）和淋巴结（不是一个独立病型，各种结核病的附近淋巴结都可能发生病变。淋巴结肿大、无热痛。常见于下颌、咽颈及腹股沟等淋巴结）等。

【防控】 定期对牛群进行检疫，阳性牛必须予以扑杀，并进行无害化处理；每年定期进行大消毒 2~4 次，在牧场及牛舍出入口处设置消毒池，饲养用具应每月定期消毒 1 次，粪便经发酵后再利用；应按《中华人民共和国动物防疫法》及有关规定，对有临床症状的病牛采取严格的扑杀措施，防止扩散。检出病牛时，要做临时消毒。

十七、焦虫病

牛焦虫病是以蜱为媒介而传播的一种虫媒传染病，可分为牛巴贝西焦虫病和牛环形泰勒焦虫病。

【病原及流行特点】 焦虫寄生于红细胞内。该病以散发和地方流行为主，多发生于夏秋季节，7~9 月为发病高峰期。有病区的当地牛发病率较低，死亡率约为 40%；从无病区运进有病区的牛发病率高，死亡率可达 60%~92%。

【临床症状及病理变化】 共同症状是高热、贫血和黄疸。临床上常表现为病牛体表淋巴结肿大或出现红色素尿。剖检可见肝脏和脾脏肿大、出血，皮下、肌肉、脂肪黄染，皮下组织胶样浸润，肾脏及周围组织黄染和胶样病变，膀胱积尿呈红色，黏膜及其他脏器有出血点，瓣胃阻塞。

【防控】 焦虫病疫苗尚处于研制阶段，病牛仍以药物治疗为主。三氮脒（血虫净）是治疗焦虫病的高效物。临用时，用注射用水配成 5%的溶液，进行分点深层肌内注射或皮下注射。对于一般病牛，每千克体重注射 3.5~3.8 毫克。对于顽固的牛环形泰勒焦虫病等重症病例，每千克体重应注射 7 毫克。黄牛按治疗量给药后，可能出现轻微的副作用，如起卧不安、肌肉震颤等，但很快消失。灭焦敏对治疗牛环形泰勒焦虫病有特效，对其他焦虫病也有效，治愈率达 90%～100%。灭焦敏是目前国内外治疗焦虫病最好的药物，主要成分是磷酸氯喹和磷酸伯氨喹啉。片剂用量为每 10～15 千克体重服用 1 片，每天 1 次，连服 3～4 天。针剂用量为每千克体重肌内注射 0.05～0.1 毫升，剂量大时可分点注射，每天或隔天 1 次，共注射 3～4 次。对于重病牛，还应同时进行强心、解热、补液等对症疗法，以提高治愈率。

十八、牛球虫病

牛球虫病是由寄生于牛肠道的艾美耳属的几种球虫引起的以急性肠炎、血痢等为特征的寄生虫病。牛球虫病在犊牛中多发。

【病原及流行特点】 牛球虫有邱氏艾美耳球虫、斯氏艾美耳球虫、拨克朗艾美耳球虫、奥氏艾美耳球虫、椭圆艾美尔球虫、柱状艾美耳球虫、加拿大艾美耳球虫、奥博艾美耳球虫、阿拉巴艾美耳球虫、亚球形艾美耳球虫、巴西艾美耳球虫、艾地艾美耳球虫、俄明艾美耳球虫及皮利他艾美耳球虫等。寄生在牛体中的各种球虫，以邱氏艾美耳球虫和斯氏艾美耳球虫的致病力最强，而且最常见。

【临床症状及病理变化】 潜伏期为 2～3 周，犊牛一般为急性经过，病程为 10～15 天。当牛球虫寄生在大肠内时，大量肠黏膜上皮破坏、脱落，黏膜出血并形成溃疡。在临床上表现为出血性肠炎、腹痛，血便中常带有黏膜碎片。约 1 周后，因肠黏膜破坏而造成细菌继发感染时，病牛的体温可升高到 40～41℃，前胃迟缓，肠蠕动增强、下痢，多因体液过度消耗而死亡。慢性病例则表现为长期下痢、贫血，最终因极度消瘦而死亡。

【注意】

在临床上，应注意鉴别牛球虫病与大肠杆菌病。牛球虫病常发生于 1 月龄以上的犊牛，而大肠杆菌病多发生于出生后数日内的犊牛，且有脾脏肿大现象。

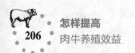

【防控】 犊牛与成年牛分群饲养，以免球虫卵囊污染犊牛的饲料。在哺乳前，要将被粪便污染的母牛乳房清洗干净。舍饲牛的粪便和垫草需集中消毒或进行生物热堆肥发酵，在发病时对牛舍、饲槽消毒，每周消毒1次。添加药物预防，如将氨丙啉按0.004%~0.008%添加到牛的饲料或饮用水中；或每千克饲料添加0.3克莫能霉素，既能预防球虫病，又能提高饲料报酬。

发病后药物治疗的方法：氨丙啉按每千克体重使用20~50毫克，一次性内服，连用5~6天；盐霉素按每天每千克体重使用2毫克，连用7天。

十九、弓形虫病

牛弓形虫病是由弓形虫原虫引起的人畜共患疾病。

【病原及流行特点】 弓形虫在整个生活史中可出现滋养体、包囊、卵囊、裂殖体、配子体等几种不同的形态。弓形虫滋养体可以在很多种动物细胞中培养，如在猪肾、牛肾、猴肾等原代细胞及其他种传代细胞中均能发育好。隐性感染或临床型的猫、人、畜、禽、鼠及其他动物都是该病的传染源。弓形虫的发病季节十分明显，多发生在每年的6月。

【临床症状及病理变化】 突然发病，最急性者约36小时死亡。病牛食欲废绝，反刍停止。粪便干、黑，外附黏液和血液。流涎，有结膜炎、流泪现象。体温升高至40~41.5℃，呈稽留热。每分钟脉搏跳动120次，每分钟呼吸达80次以上，气喘，伴腹式呼吸，咳嗽。肌肉震颤，腰和四肢僵硬，步态不稳，共济失调。严重者，后肢麻痹，卧地不起。腹下、四肢内侧出现紫红色斑块，体躯下部水肿。病牛在死前表现为兴奋不安，吐白沫，窒息。病情较轻者虽能康复，但见发生流产。病程较长者可见神经症状，如昏睡、四肢划动，有的出现耳尖坏死或脱落，最后死亡。剖检可见皮下血管怒张，颈部皮下水肿，结膜发绀。鼻腔、气管黏膜有点状出血，阴道黏膜有条状出血，真胃、小肠黏膜出血。肺水肿、气肿，间质增宽，切面流出大量含泡沫的液体。肝脏质硬、呈土黄色、浊肿，表面有粟粒状坏死灶。体表淋巴结肿大，切面外翻，周边出血，实质见脑回样坏死。

【提示】
　　牛弓形体病多呈隐性感染。显性感染的牛临床特征是高热、呼吸困难、中枢神经机能障碍、早产和流产。剖检以实质器官的灶性坏死、间质性肺炎及脑膜脑炎为特征。

【防控】　坚持兽医防疫制度，保持牛舍、运动场的卫生。经常清除粪便，粪便经过堆积发酵后再施用。开展灭鼠行动，禁止养猫。对于已发生过弓形虫病的牛场，应定期进行血清学检查，及时检出隐性感染牛，并进行严格控制、隔离饲养，用磺胺类药物连续治疗，直到病牛完全康复为止。当发生流行弓形虫病时，对于全群的牛，可考虑用药物预防。

二十、牛囊尾蚴病

牛囊尾蚴病是由寄生于牛的肌肉组织中的牛带绦虫的幼虫——牛囊尾蚴引起的，是人畜共患的寄生虫病。

【病原及流行特点】　牛囊尾蚴为白色半透明的小囊包，如黄豆粒大，囊内充满液体，囊壁一端有一粟粒大的头节，上有4个小吸盘，无顶突和小钩。该病在世界范围内流行，特别是在有吃生牛肉习惯的地区流行。

【临床症状及病理变化】　一般不出现症状，当牛受到严重感染时才表现出症状。发病初期可见体温升高，虚弱、腹泻，反刍减少或停止，呼吸困难，心跳加快等，可引起死亡。

【防控】　建立健全卫生检验制度和法规，要求做到检验认真、严格处理，不让牛吃到病牛粪便污染的饲料和饮用水，不让人吃到病牛肉。该病治疗比较困难，建议试用阿苯达唑。

二十一、消化道线虫病

牛消化道线虫病是指由寄生在牛消化道中的毛圆科、毛线科、钩口科和圆形科的多种线虫引起的寄生虫病。这些虫体寄生在牛的真胃、小肠和大肠中，在一般情况下多呈混合感染。

【病原及流行特点】 牛线虫病种类繁多。在消化道线虫中，有无饰科的弓首蛔虫、牛新蛔虫病，主要寄生在犊牛小肠中；有消化道圆线虫的毛圆科、毛线科、钩口科和圆形科的几十种线虫，分别寄生在真胃、小肠、大肠和盲肠；有毛首科的鞭虫，主要寄生在大肠及盲肠中；有网尾科的网尾线虫，寄生在肺脏中；有吸吮科的吸吮线虫，寄生在眼中；有丝状科的腹腔丝虫和丝虫科的盘尾丝虫，寄生于腹腔和皮下等。其中比较多见且危害严重的是消化道圆线虫，如血矛线虫、钩虫及结节虫等。

【临床症状及病理变化】 各类线虫病的共同症状主要表现为明显的持续性腹泻，排出带黏液和血的粪便。幼牛发育受阻，有进行性贫血、严重消瘦、下颌水肿、神经症状，最后虚脱而死亡。

【防控】 改善饲养管理，合理补充精饲料，进行全价饲养，以增强机体的抗病能力。牛舍要通风干燥，加强粪便管理，防止污染饲料及水源。牛粪应放置在远离牛舍的固定地点，进行堆肥发酵，以消灭虫卵和幼虫。

牛发病后，常用以下两种药物治疗。敌百虫用法：每千克体重用药 0.04~0.08 克，配成 2%~3% 的水溶液，灌服。伊维菌素注射液用法：每 50 克体重用药 1 毫升，采用皮下注射，不允许采用肌内注射或静脉注射，注射部位是肩前、肩后或颈部皮肤松弛的部位。

二十二、绦虫病

牛绦虫病是由寄生在人体小肠的牛绦虫引起的寄生虫病，临床上以腹痛、腹泻，食欲异常，神疲乏力及大便排出绦虫节片为主症。

【病原及流行特点】 虫体呈白色，由头节、颈节和体节构成扁平的长带状。成熟的体节或虫卵随粪便排出体外，被地螨吞食。六钩蚴从卵内逸出，并发育成为侵袭性的似囊尾蚴。牛因吞食含有似囊尾蚴的地螨而感染。

【临床症状及病理变化】 莫尼茨绦虫主要感染出生后数月的犊牛，以 6~7 月发病最为严重。曲子宫绦虫可感染各种牛。无卵黄腺绦虫常感染成年牛。牛被严重感染时，表现为精神不振、腹泻，粪便中混有成熟的节片。病牛迅速消瘦、贫血，有时还出现痉挛或回旋运动，最后死亡。

【防控】 病牛粪便集中处理后可作为肥料，采用翻耕土地、更新牧地等方法消灭地螨。如有病牛感染，可用硫酸二氯酚按每千克体重 30~40 毫克，一次口服；或阿苯达唑按每千克体重 7.5 毫克，一次口服。

二十三、肝片形吸虫病

肝片形吸虫病是由肝片形吸虫或大片形吸虫引起的一种寄生虫病。临床表现为营养障碍和中毒所引起的慢性消瘦和衰竭，病理特征是慢性胆管炎及肝炎。

【病原及流行特点】 病原为肝片形吸虫和大片形吸虫，成虫形态基本相似，虫体扁平、呈柳叶状，是一类大型吸虫。该病原的终末宿主为反刍动物，中间宿主为椎实螺。

【临床症状及病理变化】 该病一般发生在牛生食水生植物后 2~3 个月，可有高热，体温为 38~40℃，持续 1~2 周，甚至长达 8 周以上，并有食欲缺乏、乏力、恶心、呕吐、腹胀和腹泻等症状。数月或数年后，可出现肝内胆管炎或阻塞性黄疸。慢性症状常发生在成年牛中，主要表现为贫血、黏膜苍白、眼睑及体躯下垂部位发生水肿，被毛粗乱、无光泽，食欲减退或消失，消瘦，有肠炎。

【提示】
病理诊断要点：一是胆管增粗、增厚；二是大多数胆管中寄生着肝片形吸虫。

【防控】 要定期驱虫。因该病常发生于 10 月至第二年 5 月，所以在春秋季进行两次驱虫是防治的必要环节。这样既能杀死当年感染的幼虫和成虫，又能杀灭由越冬蚴感染的成虫。硝氯酚用法：病牛按每千克体重 3~4 毫克，将粉剂混到料中喂服或水瓶灌服，不用禁食。病牛的粪便要处理好。把平时和驱虫时病牛排出的粪便收集起来，堆积发酵，杀灭虫卵；消灭实螺。配合农田水利建设，填平低洼水潭，杜绝椎实螺栖息。放牧时，防止牛在低洼地、沼泽地饮水和食草。

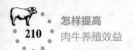

发病后的首选药物是硫双二氯酚（别丁），其用法为：每千克体重用量为50毫克，分3次服用，隔天服用，15天为1个疗程。或使用依米丁（吐根碱），其用法为：每千克体重用量为1毫克，采用肌内注射或皮下注射，每天1次，10天为1个疗程。该药对消除感染、减轻症状有效，但可引起心脏、肝脏、胃肠道及神经肌肉的毒性反应，需在严格的医学监督下使用，每次用药前检查腱反射、血压、心电图，并卧床休息。或使用三氯苯咪唑，其用法为：每千克体重用量为12毫克，顿服；或第1天按每千克体重5毫克、第2天按每千克体重10毫克的标准服用，顿服。可能出现继发性胆管炎，可用抗生素治疗。

二十四、牛血吸虫病

牛血吸虫病主要是由日本分体科分体吸虫引起的一种人畜共患血液吸虫病，以牛感染率最高，病变也较为明显，主要症状为贫血、营养不良和发育障碍。在我国，该病主要发生在长江流域及其以南地区，北方地区发生较少。

【病原及流行特点】 日本分体吸虫成虫呈长线状，雌雄异体，但在动物体内多呈合抱状态。虫卵随粪便排出体外，在水中形成毛蚴，侵入中间宿主钉螺体内后发育成尾蚴，从螺体中逸出，进入水中。该病可经口或皮肤感染。

【临床症状及病理变化】 急性病牛主要表现为体温升高到40℃以上，呈不规则的间歇热，可因严重的贫血致全身衰竭而死。常见的多为慢性病例，病牛表现为消化不良、发育迟缓、腹泻及便血、逐渐消瘦。若饲养管理条件较好，则症状不明显，病牛常成为带虫者。

【防控】 牛粪是感染该病的根源，因此，要搞好粪便管理，结合积肥，把粪便集中起来，进行无害化处理。要改变饲养管理方式。在有血吸虫病流行的地区，牛的饮用水必须选择无螺水源，以避免有尾蚴侵袭而感染。牛发病后，用吡喹酮治疗，按每千克体重30毫克，一次口服。

二十五、螨病

螨病是疥螨和痒螨寄生在动物体表而引起的慢性寄生性皮肤病。螨病又叫疥癣、疥虫病、疥疮等，具有高度的传染性，往往蔓延至全群，危害十分严重。

【病原及流行特点】　寄生于不同家畜的疥螨，多认为是人疥螨的一些变种，它们具有特异性。有时不同动物间可发生相互感染，但疥螨的寄生时间较短。疥螨形体很小，肉眼不易见，呈龟形，背面隆起，腹面扁平，呈浅黄色。体背面有细横纹、锥突、圆锥形鳞片和刚毛，腹面有4对粗短的足。

【临床症状及病理变化】　初发时，剧痒，可见病牛不断在圈墙、栏柱等处摩擦。在阴雨天、夜间、通风不好的圈舍及随着病情的加重，痒觉表现更为剧烈。由于病牛的摩擦和啃咬，患部皮肤出现丘疹、结节、水疱甚至脓疱，以后形成痂皮和龟裂，造成被毛脱落，炎症可不断向周围皮肤蔓延（彩图29）。病牛食欲减退，渐进性消瘦，生长停滞。有时可导致死亡。

【防控】　对于流行地区，每年定期进行药浴，可取得预防与治疗的双重效果；加强检疫工作，对新购入的牛，应隔离检查后再混群；经常保持圈舍卫生、干燥和通风良好，定期对圈舍清扫消毒，对用具消毒。

病牛应及时治疗，可疑病牛应隔离饲养。治疗期间，应注意对饲养和管理人员、圈舍、用具同时进行消毒，以免病原散布、出现重复感染。注射或灌服的药物选用伊维菌素，剂量为每千克体重100~200微克。如果病牛数量多，且处于气候温暖的季节，应以药浴为主要的治疗方法。进行药浴时，药液可选用0.025%~0.03%的林丹乳油水溶液、0.05%的蝇毒磷乳剂水溶液、0.5%~1%的敌百虫水溶液、0.05%的辛硫磷油水溶液等。

二十六、佝偻病

佝偻病是由于犊牛的饲料中缺乏钙、磷，钙、磷比例失调或吸收障碍而引起骨结构不适当的钙化，以生长骨的骨骺肥大和变形为特征的一种病。

【病因】　发病原因为日粮中钙、磷缺乏，或者是由于维生素D不足

影响了钙、磷的吸收和利用，而导致骨骼异常。饲料利用率降低，病牛异嗜，生长速度下降。

【临床症状及病理变化】　病牛不愿行走而呆立或卧地，食欲不振，啃食墙壁、泥沙，换齿时间推迟，关节常肿大，步态拘强、跛行，起立困难。膝、腕、飞节、膝关节的骨端肿大，呈二重关节。肋骨与肋软骨接合部肿胀，呈佝偻病念珠状。脊柱侧弯、凹弯、凸弯，骨盆狭窄。上颌骨肿胀，口腔变窄，出现鼻塞和呼吸困难现象。病牛因异嗜可致消化不良，营养状况欠佳，精神不振，逐渐消瘦，最终发生恶病质。尸体剖检后发现，主要病理变化在骨骼和关节。全身骨骼都有不同程度的肿胀、疏松，骨密质变薄，骨髓腔变大，肋骨变形，胸骨脊呈 S 状弯曲，管状骨很易折断。关节软骨肿胀，有的有较大的软骨缺损。

【防治】　该病应以预防为主。只要能够满足牛的各个生长时期对钙、磷的需要，并调整好两者的比例关系，即可有效地预防该病发生。日粮要全价，以保证钙、磷的平衡供给，防止钙、磷的缺乏；饲料中维生素 D 的供给应能满足牛的正常需要，以防发生维生素 D 缺乏。但应注意，不可长期添加大剂量的维生素 D，以防发生中毒；要定期驱虫。应定期用伊维菌素对牛群进行驱虫，以保证各种营养素的吸收和利用。

牛发病后，将 10 千克骨粉拌入 1000 千克饲料中，全群混饲，连用 5~7 天，并配合使用维生素 D 注射液，按 0.15 万~0.3 万国际单位/次的用量进行肌内注射，每两天 1 次，连用 3~5 次。或用维生素 AD 注射液（维生素 A 25 万国际单位、维生素 D_2 2.5 万国际单位），按 2~4 毫升/次的用量进行肌内注射，每天 1 次，连用 3~5 天，并配合使用磷酸氢钙，每头牛用量为 2 克，每天 1 次，全群拌料混饲，连用 5~7 天。

二十七、有机磷农药中毒

有机磷农药是农业上常用的杀虫剂之一。引起牛中毒的有机磷农药主要有甲拌磷（3911）、对硫磷（1605）、内吸磷（1059）、乐果、敌百虫和马拉硫磷等。

【病因】　引起牛中毒的原因主要是误食喷洒有机磷农药的青草或庄

稼、误饮用被有机磷农药污染的水、误将配制农药的容器当作饲槽或饮水桶，以及滥用农药驱虫等。

【临床症状】 病牛突然发病，表现为流涎、流泪，口角有白色泡沫，瞳孔缩小，视力减弱或消失，肠音亢进，排粪次数增多或腹泻带血。严重的病例则表现为狂躁不安、共济失调，肌肉痉挛及震颤，呼吸困难。晚期病牛出现癫痫样抽搐，脉搏和呼吸减慢，最后因呼吸肌麻痹导致牛窒息死亡。

【防治】 健全农药的保管制度；用农药处理过的种子和配好的溶液不得随便堆放；配制及喷洒农药的器具要妥善保管；喷洒农药最好在早晚无风时进行；喷洒过农药的地方应插上"有毒"的标志，1个月内禁止放牧或割草；不滥用农药来杀灭牛体表的寄生虫。

发现病牛后，立即将病牛与毒物脱离开，紧急使用阿托品与解磷定，进行综合治疗。可根据病情的严重程度选择不同的治疗方案。大剂量（即一般剂量的2倍）使用阿托品，用量为0.06~0.2克，采用皮下注射或静脉注射，每隔1~2小时用药一次，可使症状明显减轻。在此治疗基础上，配合使用解磷定或氯解磷定5~10克，配成2%~5%的水溶液，采用静脉注射，每隔4~5小时用药一次。有效反应为：瞳孔放大，流涎减少，口腔干燥，视力恢复，症状显著减轻或消失。另外，双复磷比氯解磷定效果更好，病牛每千克体重用量为10~20毫克。对于严重脱水的病牛，应当静脉补液；对于心功能差的病牛，应使用强心药。对于经口吃入毒物而致病的牛，可早期洗胃；对于因体表接触而引起中毒的病牛，可进行体表刷洗。

二十八、尿素中毒

【病因】 尿素可以作为牛的蛋白质饲料，还可以用于麦秸的氨化。若尿素喂量过多或喂法不当，或被牛大量误食，均可导致牛尿素中毒。

【临床症状】 牛过量采食尿素后30~60分钟即可发病。病初表现为不安、呻吟、流涎、肌肉震颤，体躯摇晃，步态不稳。继而反复痉挛、呼吸困难、脉搏增速，从鼻腔和口腔流出泡沫样液体。发病末期，牛全

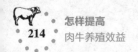

身痉挛、出汗，眼球震颤，肛门松弛，几小时内便死亡。

【防治】 严格化肥保管制度，防止牛误食尿素。将尿素作为饲料添加剂时，应严格掌握用量，体重500千克的成年牛日用量不超过150克。尿素应拌在饲料中给牛饲喂，不得化水饮服或单喂，喂后2小时内不能饮水。如日粮蛋白质足够，不宜加喂尿素。犊牛不宜使用尿素。

发现病牛后，立即隔离治疗。灌服食醋或醋酸等弱酸溶液，如将1%的醋酸1升、糖250~500克、水1升，或食醋500毫升、水1升，给牛一次内服。静脉注射10%的葡萄糖酸钙200~400毫升，或静脉注射10%的硫代硫酸钠溶液100~200毫升，同时应用强心剂、利尿剂、高渗葡萄糖等疗法。

二十九、食盐中毒

食盐是牛饲料的重要组成部分，缺盐可导致牛异嗜及代谢机能紊乱，影响牛的生长发育及生产性能的发挥。但过量食用食盐或饲喂不当，又可引起牛体中毒，发生消化道炎症和脑水肿等一系列病变。牛的一般中毒量为每千克体重使用食盐1.0~2.2克。

【病因】 给长期缺盐饲养的牛突然加喂食盐，又未加限制，造成牛采食大量食盐；饮水不足；给牛饲喂腌菜的废水或酱渣；料盐存放不当，被牛偷食。

【临床症状】 病牛精神沉郁，食欲减退，眼结膜充血，眼球外突，口干，饮欲增加，伴有腹泻、腹痛，运动失调，步态蹒跚。有的牛还伴有神经症状，乱跑乱跳，做圆圈运动。严重者卧地不起，食欲废绝，呼吸困难，濒临死亡。

【防治】 保证牛有充足的饮用水；在给牛饲喂泔水时，必须适当限制用量，并同其他饲料搭配饲喂。饲料中的盐含量要适宜；饲料盐要保管好，不要让牛接近，以防偷食。

牛发病后，立即停喂食盐。该病无特效解毒药，治疗原则主要是促进食盐排出，恢复阳离子平衡，并对症治疗。恢复血液中阳离子平衡，可使用10%的葡萄糖酸钙200~400毫升，采用静脉注射；缓解脑水肿，可使用甘露醇 1000 毫升，采用静脉注射。病牛出现神经症状时，可使用 25%的硫酸镁 10~25 克，可采用肌内注射或静脉注射，以镇静解痉。以上是针对成年牛发病的药物使用剂量，犊牛的用量应酌减。

三十、前胃弛缓

前胃弛缓是指瘤胃的兴奋性降低、收缩力减弱、消化功能紊乱的一种疾病。

【病因】 前胃弛缓的病因比较复杂。该病一般分为原发性和继发性两种。原发性病因包括长期饲料过于单纯、饲料质量低劣、饲料变质、饲养管理不当及应激反应等。继发性病因主要是由胃肠疾病、营养代谢病及某些传染病继发而成的。

【临床症状】 按照病程可分为急性和慢性两种类型。当出现急性病时，病牛表现为精神委顿，食欲、反刍减少或消失，瘤胃收缩力降低，蠕动次数减少。嗳气且带酸臭味，瘤胃蠕动音低沉，触诊瘤胃松软，初期粪便干硬、色深，继而发生腹泻。体温、脉搏和呼吸一般无明显变化。随着病程的发展，到瘤胃酸中毒时，病牛呻吟，食欲、反刍停止，排出棕褐色的糊状粪便，有恶臭。精神高度沉郁，鼻镜干燥，眼球下陷，黏膜发绀，脱水，体温下降。听诊蠕动音微弱。瘤胃内纤毛虫的数量减少。由急性发展为慢性时，病牛表现为食欲不定，有异嗜现象，反刍减弱，便秘，粪便干硬，表面附着黏液，或便秘、腹泻交替发生，脱水，眼球下陷，逐渐消瘦。

【防治】 该病要重视预防，改进饲养管理方式，注意牛群的适当运动，合理调制饲料，不饲喂霉败、冰冻等品质不良的饲料，避免突然更换饲料，喂饲要定时、定量。

牛发病后，要注意提高牛的前胃的兴奋性，增强前胃运动机能，制止瘤胃内异常发酵过程，防止酸中毒，恢复牛的正常反刍，改变胃内微生物区系的环境，提高瘤胃内纤毛虫的活力。病初先停食 1~2 天，后改喂青草或优质干草。通常使用人工盐 250 克、硫酸镁 500 克、小苏打 90 克，配成水溶液，给牛灌服；或一次性静脉注射 10%的氯化钠 500 毫升、

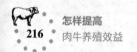

10%的安钠咖 20 毫升；为防止脱水和自体中毒，可静脉滴注等渗糖盐水 2000~4000 毫升、5%的碳酸氢钠 1000 毫升和 10%的安钠咖 20 毫升。

可应用中药健胃散或消食平胃散 250 克，给牛内服，每天 1 次或隔天 1 次。或用马钱子酊 10~30 毫升，给牛内服。针灸脾俞、后海、滴明和顺气等穴位进行治疗。

三十一、瘤胃积食

瘤胃积食是因瘤胃内积滞过量食物，导致瘤胃体积增大、胃壁扩张、运动机能紊乱的一种疾病。该病在舍饲肉牛中多见。

【病因】 该病是由于瘤胃内积滞过量干固的饲料，引起瘤胃壁扩张，从而导致瘤胃运动及消化机能紊乱而引起的。长期大量饲喂精饲料及糟粕类饲料，粗饲料喂量过低，牛偷吃大量精饲料，长期采食大量粗硬的、劣质而难消化的饲料（豆秸、麦秸等），或采食大量适口易膨胀的饲料，均可促使该病的发生。突然变换饲料、饮水不足等也可诱发该病。此外，还可继发于瘤胃弛缓、瓣胃阻塞、创伤性网胃炎等疾病的病程中。

【临床症状】 食欲、反刍、嗳气减少或废绝，病牛表现为呻吟努责、腹痛不安、腹围显著增大，尤其是左肷部明显。触诊时瘤胃充满而坚实并有痛感，叩诊时呈浊音。排软便或腹泻，尿少或无尿，鼻镜干燥，呼吸困难，结膜发绀，脉搏快而弱，体温正常。后期出现严重的脱水和酸中毒，眼球下陷，红细胞压积由 30%增长到 60%，瘤胃内 pH 明显下降。最后出现步态不稳、站立困难、昏迷倒地等症状。

【防治】 严格执行饲喂制度，按时按量供给饲料，加固牛栏，防止牛偷食饲料，避免突然更换饲料，粗饲料应适当加工软化。

牛发病后，可先停食 1~2 天，之后给予优质干草。取硫酸镁 500~1000 克，配成 8%~10%的水溶液，给牛灌服。或用蓖麻油 500~1000 毫升、液状石蜡 1000~1500 毫升，给牛灌服，以加快胃内容物排出。另外，可用 4%的碳酸氢钠溶液洗胃，尽量将瘤胃内容物导出。对于虚弱、脱水的病牛，可用 5%的葡萄糖生理盐水 1500~3000 毫升、5%的碳酸氢钠 500~1000 毫升、25%的葡萄糖溶液 500 毫升，一次静脉注射，以排除瘤胃内容物。

应用中药消积散或曲麦散 250～500 克，给牛内服，每天 1 次或隔天 1 次。针灸脾俞、后海、滴明、顺气等穴位进行治疗。

【注意】

    当上述保守疗法无效时，则应立即行瘤胃切开术，取出大部分内容物以后，放入适量健康牛的瘤胃液。

三十二、瘤胃臌气

瘤胃臌气是指瘤胃内容物急剧发酵产气，对气体的吸收和排出出现障碍，致使胃壁急剧扩张的一种疾病。该病在放牧的肉牛中多发。

【病因】　原发性病因是牛采食了大量易发酵的青绿饲料。特别是在从以饲喂干草为主转化为喂青草为主的季节，或大量采食新鲜多汁的豆科牧草或青草，如新鲜苜蓿、三叶草等，最易导致该病发生。此外，食入腐败变质、冰冻等品质不良的饲料，也可引起臌气。继发性瘤胃臌气常见前胃弛缓、瓣胃阻塞、膈疝等，可引起排气障碍，致使瘤胃扩张而发生臌气，该病还可继发于食道梗塞、创伤性网胃炎等疾病过程中。

【临床症状】　按病程可分为急性和慢性两种。急性多见于牛采食后不久或采食中突然发作，出现瘤胃臌气（彩图 30）。病牛腹围急剧增大，尤其是以左肷部明显，叩诊时瘤胃紧张而呈鼓音。病牛腹痛不安，不断回头顾腹，或以后肢踢腹，频频起卧。食欲、反刍、嗳气停止，瘤胃蠕动减弱或消失。呼吸高度困难，颈部伸直，前肢开张，张口伸舌，呼吸加快，结膜发绀，脉搏快而弱。严重时，病牛的眼球向外突出，最后运动失调，站立不稳而卧倒在地。继发性臌气症状时好时坏，反复发作。

【防治】　该病以预防为主。改善饲养管理方式，防止牛贪食过多幼嫩多汁的豆科牧草，尤其由舍饲转为放牧时，应先喂些干草或粗饲料，不喂霉败、冰冻或霜雪、露水浸湿的饲料。变换饲料要有过渡阶段。

牛发病后，应先排气减压。对于一般轻症者，可让病牛取前高后低的站位姿势，同时将涂有松馏油或大酱的小木棒横衔于牛口中，用绳拴在牛角上固定，让牛张口并不断咀嚼，促进嗳气。对于重症牛，立即将胃管从口腔插入胃中，用力推压左侧腹壁，使气体排出。或使用套管汁穿刺法，将左肷凹陷部剪毛，用5%的碘酒消毒，将套管针垂直刺入瘤胃，缓慢放气。最后拔出套管针，穿刺部位用碘酒彻底消毒。对于泡沫性瘤胃膨气，可用植物油（豆油、棉籽油等）或液状石蜡250~500毫升，给牛内服。此外，可酌情使用缓泻制酵剂，如硫酸镁500~800克、福尔马林20~30毫升，加水5~6升，给牛内服。或用液状石蜡1~2升、鱼石脂10~20克、温水1~2升，给牛内服。

三十三、瘤胃酸中毒

瘤胃酸中毒是由于牛采食大量精饲料或长期饲喂酸度过高的青贮饲料，在瘤胃内产生大量乳酸等有机酸而引起的一种代谢性酸中毒。该病特征是消化功能紊乱，牛瘫痪、休克和死亡率较高。

【病因】 当牛过食或偷食大量的谷物饲料，如玉米、小麦、红薯干，特别是粉碎过细的谷物，由于淀粉充分暴露，在瘤胃内高度发酵而产生大量乳酸，或长期饲喂酸度过高的青贮饲料而引起中毒。在气候突变等应激情况下，肉牛的消化机能紊乱，容易导致该病。

【临床症状】 多为急性经过。发病初期，食欲、反刍减少或废绝，瘤胃蠕动减弱、胀满，腹泻，粪便酸臭，脱水，少尿或无尿。呆立，不愿行走，步态蹒跚，眼窝凹陷。严重时，瘫痪卧地，头向背侧弯曲，呈角弓反张样。呻吟，磨牙，视力障碍，体温偏低，心率加快，呼吸浅而快。

【防治】 应注意生长育肥期肉牛饲料的选择和调制，注意精、粗饲料的比例，不可随意加料或补料，适当添加矿物质、微量元素和维生素添加剂。对含碳水化合物较高或粗饲料以青贮为主的日粮，适当添加碳酸氢钠。

对于发病牛，在去除病因的同时抑制酸中毒，解除脱水和强心。禁食1~2天，限制饮水。为缓解酸中毒，可静脉注射5%的碳酸氢钠1000~5000毫升，每天1~2次。为促进乳酸代谢，可在肌内注射维生素 B_1 0.3克的同时内服酵母片。采用糖盐水、复方生理盐水、低分子的右旋糖酐各

1000 毫升，混合静脉注射，同时加入适量的强心剂，以补充体液和电解质，促进血液循环和毒素的排出。皮下注射新斯的明、毛果云香碱和卡巴胆碱等。

三十四、腐蹄病

牛蹄间皮肤和软组织具有腐败、恶臭特征的疾病总称为腐蹄病。

【病因】 该病的病因有两种类型：一是饲料和管理方面。草料中的钙、磷不平衡，致使角质蹄疏松、蹄变形和不正；牛舍不清洁、潮湿，运动场泥泞，蹄部经常被粪尿、泥浆浸泡，导致局部组织软化；石子、铁钉、坚硬的木头、玻璃碴等刺伤软组织而引起蹄部发炎。二是由坏死杆菌引起。该细菌是牛的严格寄生菌，离开动物组织后，不能在自然界长期生存，可在病愈动物体内保持活力达数月，这是腐蹄病难以消灭的一个原因。

【临床症状】 病牛喜爬卧，站立时患肢负重不实或各肢交替负重，行走时跛行。蹄间和蹄冠皮肤充血、红肿，蹄间溃烂，有恶臭分泌物，有的蹄间有不良肉芽增生。蹄底角质部呈黑色，使用叩诊锤或手压蹄部时出现痛感。有的出现角质溶解、蹄真皮过度增生，肉芽凸出于蹄底。严重时，体温升高，食欲减少，严重跛行，甚至卧地不起，消瘦。用刀切削扩创后，蹄底的小孔或大洞即有污黑的臭水流出，趾间有溃疡面，上面覆盖着恶臭的坏死物，重者蹄冠红肿，痛感明显。

【防治】 药物对腐蹄病无临床效果，预防和控制该病最有效的措施是接种疫苗。此外，圈舍应勤扫勤垫，防止泥泞，运动场要干燥，设有遮阴棚。

牛发病后，每天的草料中要补充锌和铜，每头牛每千克体重补喂硫酸铜、硫酸锌各 45 毫克。如钙、磷失调，缺钙则补骨粉，缺磷则加喂麸皮。用 10% 的硫酸铜溶液浴蹄 2~5 分钟，间隔 1 周，再进行 1 次，效果极佳。

三十五、子宫内膜炎

子宫内膜炎是在母牛分娩时或产后因微生物感染而引起的。按病程可分为急性和慢性两种，临床上以慢性病例较为多见，常由未及时或未

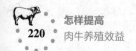

彻底治疗的急性病例转化而来。

【病因】 多由于产道损伤、难产、流产、子宫脱出、阴道脱出、阴道炎、子宫颈炎、恶露停滞、胎衣不下及人工授精或阴道检查时消毒不严，致使病毒侵入子宫而引起。

【临床症状】 急性子宫内膜炎，在母牛产后 5~6 天，从阴门排出大量恶臭的恶露，呈褐色或污秽色，有时含有絮状物。慢性子宫炎出现性周期不规律，屡配不孕，阴户在母牛发情时流出较混浊的黏液。

【防治】 主要方法有冲洗子宫、按摩子宫和促进子宫收缩。

三十六、胎衣不下

牛胎衣不下是指母牛分娩后 8~12 小时排不出胎衣（正常分娩后 3~5 小时排出胎衣），胎衣在分娩后 12 小时还未全部排出，称为胎衣不下或胎衣滞留。

【病因】 母牛体质弱、运动少、营养不良，胎儿过大，胎水过多，胎儿胎盘和母体胎盘病理黏着，产道阻滞等均会导致胎衣不下。

【临床症状】 停滞的胎衣部分悬垂于阴门之外或阻滞于阴道之内。

【防治】 当母牛分娩破水时，可接取羊水 300~500 毫升，在母牛分娩后立即灌服，可促使子宫收缩，加快胎衣排出。

胎衣不下的治疗方法可分为药物治疗和手术剥离两种。药物可促进子宫收缩，加速胎衣排出。皮下或肌内注射垂体后叶素 50~100 国际单位，最好在母牛产后 8~12 小时进行。如分娩超过 24 小时，则效果不佳。或注射催产素 10 毫升（100 国际单位）、麦角新碱 6~10 毫克。手术剥离方法：先用温水灌肠，排出直肠中的积粪，或用手掏尽积粪。再用0.1%的高锰酸钾溶液洗净外阴。后用左手握住外露的胎衣，右手顺着阴道伸入子宫，寻找子宫叶。先用拇指找出胎儿胎盘的边缘，然后将食指或拇指伸入胎儿胎盘与母体胎盘之间，把它们分开，至胎儿胎盘被分离一半时，用拇指、食指、中指握住胎衣，轻轻一拉，即可将胎衣完整地剥离下来。如粘连较紧，必须慢慢剥离。操作时，须由近向远、循序渐进，越靠近子宫角尖端，越不易剥离，需要细心，力求完整取出胎衣。

第六章
养殖典型实例

林州红星肉牛养殖场位于河南省林州市，占地面积为 5 亩（1 亩 ≈ 667 米²），主要为架子牛育肥，存栏育肥肉牛 200 头。

一、总投资和收入

1. 总投资

（1）**固定资产投资**　投资合计 68 万元。

1）牛场建筑投资。采用双列式不拴系群体长槽饲喂饲养方式。建有长 60 米、宽 10 米的简易棚舍 2 栋，建筑费用为 24 万元；草料棚1栋，面积为 400 米²，建筑费用为 4 万元；其他建设投资 10 万元。青贮窖建筑费用为 20 万元。合计为 58 万元。

2）设备购置费。饲料加工设备、饮水系统等设备购置费用为 10 万元。

（2）**土地租赁费**　每年的费用为 5 亩×1500 元/亩＝0.75 万元。

（3）**引种费用**　引入 200 头体重为 200 千克左右的优质肉牛（西门塔尔牛肉牛），每头牛 6000 元，引种费用共 120 万元。

（4）**饲料费用**　将体重为 200 千克的肉牛饲养到 650 千克，饲养周期为 10 个月。每头牛消耗干粗饲料 3150 千克（按肉牛体重的 2.5%计算）、精饲料 1275 千克（按肉牛体重的 1%计算）。每千克干粗饲料费用为 0.6 元，每头牛干粗饲料费用为 1890 元；每千克精饲料费用为 2.6 元，则每头牛精饲料费用为 3315 元。每头牛饲料费用为 5205 元。200 头牛的饲料费用合计为 104.1 万元。

（5）**水电费、人工费、疫苗和疾病治疗费用**　每头牛 500 元，合计

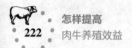
10 万元。

总投资包括固定资产投资（建筑和设备）、土地租赁费、引种费用、饲料费用、水电费、人工费、疫苗和疾病治疗费用，合计为 68 万元+0.75 万元+120 万元+104.1 万元+10 万元＝302.85 万元。

2. 收入

售肉牛收入：650 千克/头×26 元/千克×200 头＝338 万元。售粪便收入：100 元/头×200 头＝2 万元。故收入合计为 340 万元。

二、效益分析

1. 总成本

总成本包括牛舍和设备折旧费（牛舍利用 10 年，设备利用 5 年）、土地租赁费、引种费用、饲料费用、水电费、人工费、疫苗和疾病治疗费用，合计为 7.8 万元+0.75 万元+120 万元+104.1 万元+10 万元＝242.65 万元。

2. 年收益

年收益＝总收入−总成本＝340 万元−242.65 万元＝97.35 万元。

三、关键技术

1. 品种的选择

品种优劣直接关系到肉牛的生长速度。选择品种时不要盲目，要根据地区、气候选择肉牛品种，一定要选择适合当地气候的肉牛品种或杂交肉牛品种。

2. 月龄、体重的选择

肉牛的月龄和体重关系到肉牛的整体质量。肉牛的年龄和体重越大，其适应能力、抗病能力都较强，所以，不要选择体重太轻的肉牛。

3. 粗饲料的选用

肉牛使用的粗饲料主要有酒糟、豆腐渣、青贮玉米秸秆、青贮牧草、氨化稻草、花生秧、地瓜秧、氨化秸秆、牧草、杂草及稻草等。要选择多种粗饲料，进行混合搭配，利用饲料的互补性，提高粗饲料的利用率。

4. 精饲料的配制

精饲料主要有玉米、小麦麸皮、豆粕、骨粉、小苏打及预混料等。按照肉牛的营养需求，合理搭配精饲料，既能保证肉牛所需营养，也可以保证肉牛的生长速度。

5. 卫生消毒和防疫

环境差、细菌多，则肉牛发病率高，肉牛生长速度慢。所以，要搞好环境卫生，定期进行消毒；每年3月、9月注射口蹄疫疫苗。

参 考 文 献

［1］魏刚才. 种草养牛［M］. 北京：机械工业出版社，2017.

［2］中国兽药典委员会. 兽药手册［M］. 2版. 北京：中国农业出版社，2013.

［3］魏刚才. 养殖场消毒技术［M］. 北京：化学工业出版社，2016.

［4］杨校民. 种草养牛技术手册［M］. 北京：金盾出版社，2015.

［5］王建平，刘宁. 种草养牛实用技术［M］. 北京：化学工业出版社，2015.

［6］昝林森. 牛生产学［M］. 3版. 北京：中国农业出版社，2017.